安陆银杏

陈有金 主编

中国林业出版社

《安陆银杏》编委会

图书在版编目(CIP)数据

安陆银杏／陈有金主编.—北京：中国林业出版社，
2009.10
ISBN 978-7-5038-5516-0
Ⅰ．安… Ⅱ.陈… Ⅲ.银杏－安陆市 Ⅳ.S664.3
中国版本图书馆CIP数据核字（2009）第182581号

出版：中国林业出版社
网址：http://www.cfph.com.cn
　　　E-mail:cfphz@public.bta.net.cn　电话：010-83227584
社址：北京市西城区德内大街刘海胡同7号　邮编：100009
发行：新华书店北京发行所
印刷：北京画中画印刷有限公司
开本：170mm×240mm
印张：15
版次：2009年11月第1次
印次：2009年11月第1次
字数：320千字
定价：128.00元

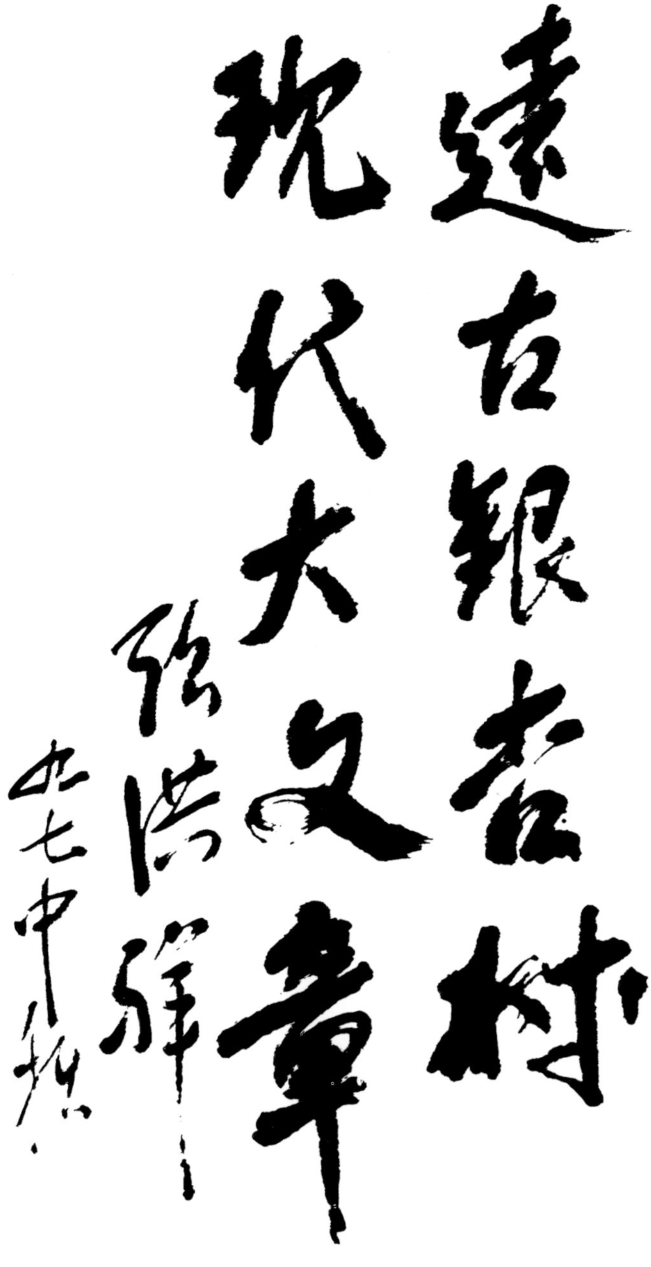

原湖北省副省长张洪祥同志为安陆市银杏盆景展题词

原安陆市委书记，现孝感市委常委、宣传部长
栾春海同志2000年为《安陆银杏》题写书名

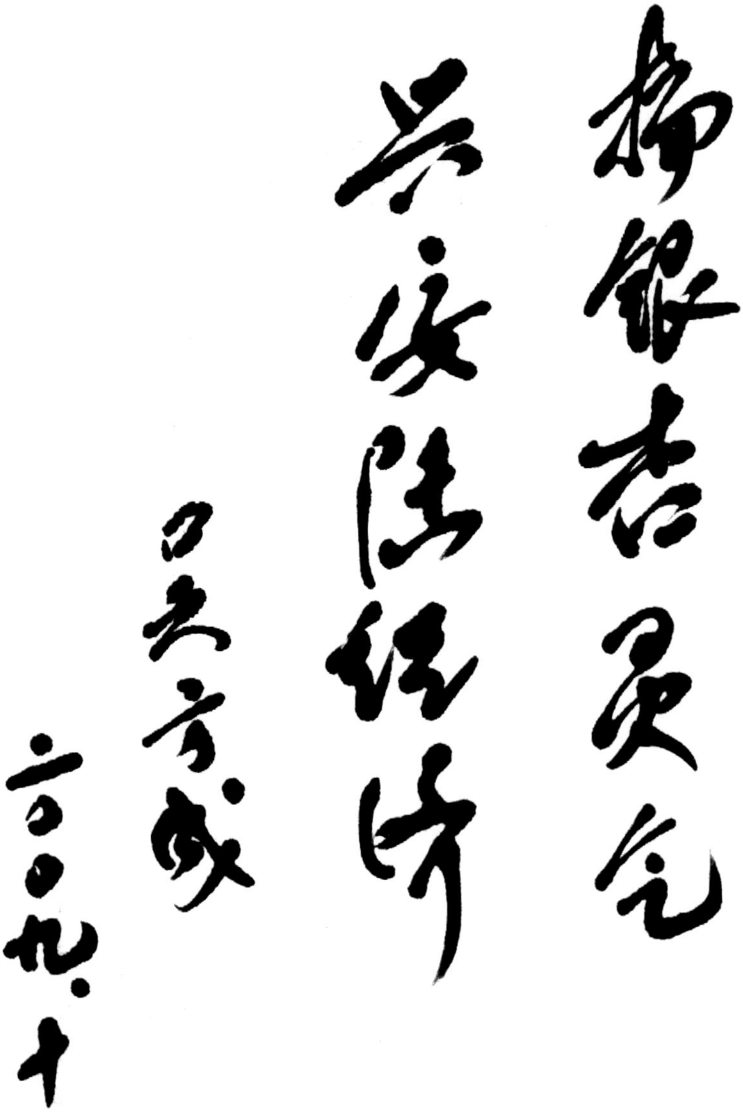

孝感市人民政府副市长吴方成同志题词

序一

曹福亮*

银杏，是现有裸子植物中与恐龙同时代的最古老的孑遗植物，素有“活化石”之称；是中国特有的珍贵树种，在中国被当作“国宝”。银杏全身是宝，集食用、药用、材用、保健、观赏于一体，是一个重要的多用途特种经济生态型树种。随着科技的进步，银杏的重要应用价值逐渐被人们所认识，银杏成为发展效益林业、改善生态环境、促进农民增收、提高人们健康水平的重要途径，在国民经济发展中将发挥愈来愈重要的作用。

安陆市委、市政府为了激发人们开发安陆银杏资源的热情，提高安陆银杏旅游的品位，促进安陆经济的发展，组织编写班子，经多年不懈努力，著成《安陆银杏》。该书有五大特色：

（一）该书是迄今为止国内地方政府为本地银杏树种立传的开先河者。无论是撰写内容，还是篇章结构，在全国尚属首例。是一本难得的图文并茂的学术性专著。

（二）该书对安陆银杏的起源和繁衍进行了非常有益的探索。该书的编著者将重点放在本地古银杏群落的形成和银杏种质资源的探究上。从安陆独特古地质地貌的形成和生态环境、气候演变的资料研究入手，提出了“安陆是孑遗之后银杏原生辐射中心和中国银杏原产地之一”的论断。为众多银杏专家学者“……湖北随州与安陆之间的大洪山一带狭小的深山谷地，还残存着为数不多的天然或半天然生长状态的银杏林。这些地方被认为是现代银杏的发源地，并由此再度走向世界”的结论，提供了有力的依据。这是值得称道的。

（三）该书的另一个特色是融技术、科普、适用于一体。在对原有经验和研究成果进行系统总结的同时，对银杏栽培技术的介绍，避免了教科书式的写

---

*曹福亮：中国林学会银杏分会主任委员、南京林业大学副校长、博士生导师。

法，以栽培模式的形式，分别介绍给读者，使读者可以有选择地掌握某种栽培技术要领。有利于银杏生产的发展。

（四）银杏文化是中华传统文化的一部分。《安陆银杏》的编著者从大量历史文献的稽考中，弄清银杏名称的由来和演化及银杏的文化价值内涵，勾勒出安陆银杏文化的大致轮廓，可以给不同层面的读者以不同层次的艺术思考。该书的面世将为安陆银杏旅游开发提供一份有益的宣传资料。

（五）该书对国家林业局、中国林学会、中国林学会银杏分会、湖北省委省政府、各级党委政府、有关部门及科研院所支持安陆开发利用银杏的热情和安陆市委市政府的经验和做法进行了详实的记述。该书的面世，将会给全国各银杏产地“保护银杏、发展银杏、利用银杏”以有益的借鉴。

自2007年以来，我曾数次到安陆考察银杏资源和银杏产业化，深深为安陆银杏的魅力所吸引，为安陆人热爱和开发利用银杏的执着精神所感动。我有幸被聘为《安陆银杏》编委会顾问，先睹此书稿。当此付梓之际，欣然应邀为之作序。借此表示对《安陆银杏》的编著者和银杏同仁工作的赞赏和支持。

2009年9月8日

序二

周先来*

巍巍碧山，经年耸立；悠悠涢水，源远流长。安陆，是一块神奇的人间福地。言及蕴藏着丰厚、悠久的人文历史的安陆，就不能不谈到安陆的银杏。安陆气候温润，雨量充沛，物种丰富，名木繁多，尤其以银杏之古老众多闻名中华。这里拥有千年以上古银杏59株，500年以上1 468株，百年以上4 683株。特别是境内钱冲一带，古银杏群落星罗棋布，特色鲜明，风姿卓然，令人称奇。

银杏树冠巍峨，枝繁叶茂，树形优美，色彩绚丽。春夏翠绿，观之令人沉醉其里；深秋金黄，望之使人流连其中。银杏树具有抗污染、抗烟尘、抗辐射、抗病虫害等特点，显示出强大的活力、抗逆性和优良的遗传性状，这些更是其他树种所难望其项背的优势。拥有“中原古银杏群落”的安陆银杏树群，自然成为中外游客眼里最亮丽的风景之一。

银杏浑身是宝，集经济效益、生态效益、社会效益于一身。专家预测，21世纪的电子信息技术产业和医药相关产业，将是最热门、最具有前景的引擎型产业。银杏因其独有的药效成分，早已在环境保护、生物工程、食品工业、化妆品工业等领域占有一席之地，而以科、工、贸一条龙为特征的安陆银杏产业集团，必将在广阔的经济格局中起到中流砥柱的重要作用。银杏，书写着安陆昔日的沧桑古老与明天的灿烂辉煌!

上世纪90年代以来，安陆市委、市政府坚持把全面开发、深度拓展银杏产业作为调整农业结构、增加农民收入的重要举措来抓。按照“政府推动、市场运作、产业链接、科技支撑、品牌引领”的总体思路，安陆市强化政策引导，构建发展平台，实行区域化布局、标准化生产、产业化经营、市场化运作，初步形成了“稳定的种植业、先进的加工业、活跃的流通业、兴旺的旅游业”的

---

*周先来：中共安陆市委书记。

良性循环模式，保持和促进了银杏产业的可持续发展，实现了银杏产业经济效益、生态效益、社会效益全面提高。经过多年的苦心经营，目前安陆银杏产业浪潮风起云涌，发展态势喜人。全市银杏基地达20万亩，定植银杏7 400多万株，年均产银杏果50万kg。2008年，全市银杏产加销一条龙产值及经营额10.6亿元。

家有梧桐树，自有凤凰来。2000年3月，安陆市被国家林业局命名为全国“银杏之乡”；2009年7月，国家林业局批准安陆设立“湖北安陆古银杏国家森林公园”。尤其让安陆人引以为荣的是：2009年11月18日，首届中国银杏节在安陆举行。这无疑是安陆银杏发展史上浓墨重彩的一笔，具有里程碑式的历史意义。

总结银杏生产经验，推广普及银杏知识，传播银杏文化，全面记录安陆银杏资源的历史及现状，同时也是本届安陆市委、市政府在银杏发展项目上的一曲继往开来、承前启后的重头戏。今年春，安陆市委、市政府组织编写人员历时半年，在原有书稿的基础上，修订出版了这本《安陆银杏》。这既是作为东道主对参加首届中国银杏节的每位来宾献上的一份厚礼，也是将安陆银杏的古今发展轨迹向朋友们所作的一次全方位、深层次展示。《安陆银杏》一书对安陆银杏的起源、古银杏群落的成因、安陆银杏在中国银杏家族中的地位和安陆银杏的自然种群、生物学特性、栽培技术、综合开发利用、文化渊源和科研成果，都记述得至为详备。该书系统完整、结构严谨、表述清楚、图文并茂，是一本寓科学性、资料性、可读性于一体的安陆银杏专门著作。我衷心祝贺该书的出版面世。

安陆银杏的春天已经来临。在波澜壮阔的现代农业发展大潮中，我们将乘借首届中国银杏节在安陆举办的东风，以此书的出版为契机，大力实施“银杏富民兴市”战略，走出一条集银杏研究、银杏种植、银杏加工、银杏商贸、银杏旅游“五位一体”的产业化发展道路，让银杏产业成为建设富裕、文明、和谐安陆的强力支撑和坚实后盾。

2009年10月9日

引言

陈有金

银杏，是史前遗物。

银杏，是金色活化石。

安陆是银杏类植物的绝佳诞生地。

安陆是中国银杏的原产地之一。

我们认为，安陆的历史由银杏源起，安陆的文化从银杏萌发。悠悠五千年，安陆银杏溶进万千大众的憧憬，神奇的传说，志士的探索。

近二十余来年，安陆市科技人员对安陆银杏的探求不遗余力，资源调查、品种鉴定、课题研究、实地试验及产品开发，成果颇丰。然而，论文、经验总结，既零散又非全貌。1999年春，我刚从安陆市委副书记岗位上退下来，拥有不少闲暇时间。时任安陆市委书记的栾春海同志提议要我主持编写一部安陆银杏的专门著作，以激发人们开发利用安陆银杏资源的热情。我欣然领命，随即组织对安陆银杏素有研究的有识之士参加编写班子。商定把安陆银杏置于中国银杏家族怀抱，既不离“怀抱”又突出“个性”，广为搜集，深入探求，企图以“志书”形式，图文一体之面貌展现安陆银杏的风采，不负安陆为国家“银杏之乡”的称号。

安陆银杏是神奇的

安陆城西15km白兆山太白峰巅有一棵银杏树，古志书载：“有庙祀真武神，一银杏树大数百围，千年物也”。相传为唐代大诗人李白“酒隐安陆，蹉跎十年”时所栽。《北周书》记：“旧俗每逢干旱，祷白兆山祈雨”，“祭之，即日澎雨，岁遂有秋”。民间传说，这棵银杏树根深至龙泉，有“灵性”。每年农历三月三，方圆数十里百姓相邀登白兆山祈祷，讨几颗银杏果，寻几片银杏叶，扒一小块银杏树皮回家，或置枕边或煮水喝，有病治病，无病消灾，似每有应验。银杏树，成了百姓心目中的“神树”。

相传古银杏群落的先民有祭树的习俗。每年腊月三十给古老银杏树“烧香、披

第一章
中国银杏源远流长

银杏，是史前遗物，是古老而神奇的树种。为中国所特有。

查理斯·达尔文称银杏是“历史的遗产，活化石”。世界著名生物学家、古植物学家斯维达曾指出：“银杏历史的精华，永恒的标志，是人类难以想像的世界自然遗产，是大自然奥秘的里程碑。”“中国即使不是银杏目前的产地，也是最后的天然产地。”我国众多的专家学者认为银杏“是由古生代二叠纪唯一孑遗种延续生存至今”的树种，是“金色活化石”、“活历书”、“植物宝库中的珍品”。

中国现代银杏虽历经近200万年各种气候环境，仍固守本色、生机勃勃、繁荣昌盛，神奇价值日益显露，体现了中华民族的古老历史、古老文化，体现了炎黄子孙不屈不挠、坚忍不拔的民族精神。银杏是中国的骄傲。

起源——远古银杏的“孑遗种”

现代银杏是第四纪冰川时银杏家族中的幸存者，是远古银杏“孑遗种”的后代。

史前，我国“化石银杏”分布广泛，品种繁多。现存资料显示，甘肃、内蒙古、陕西、辽宁、吉林、新疆、青海、河南、山西、山东、河北、湖北、安徽、江苏、江西、四川、云南、广西、福建、浙江等地都有分布。据与现代银杏在形态上相似，亲缘关系密切的银杏属、似银杏属、拜拉属、楔拜拉属等60多个种的银杏化石研究资料，世界上银杏类植物的远祖出现于古生代石炭纪，繁盛于中生代侏罗纪，衰败于白垩纪晚期至新生代。除中国外，绝灭于新生代第四纪冰川。

大自然的变化既显得亲切，也显得陌生，植物进化和银杏演化也不例外。自然科学研究表明，地球上的生物都是从无机到有机，从水生到陆生，从简单到复杂，从低级到高级发展起来的。地球原本是一个浑浊的球体，是没有生命的（国际上公认地球寿命为150亿年以上，目前地球地质年龄为45.5亿年），随着时间的延续，空间的转移，地温的下降，地球上便形成了大片水域。有了水，便有了

生命。大约距今35亿～33亿年的时候，在广阔的海洋中出现了细菌和蓝藻原核生物。再经过10亿～20亿年，原核生物进化为真核生物——原始单细胞绿色鞭毛生物。由绿色鞭毛生物——这个动、植物的祖先，随着营养方式的分化，其中一支发展成为植物，另一支发展成为动物。从此，动、植物开始了各自的进化史。

最早出现的单细胞藻类植物，生活在原始海洋里，其中一部分浅海类型演化为绿藻，另一部分深海类型演化为褐藻、红藻。大约到距今9亿～7亿年前，便出现多细胞藻类，绿藻成为植物界进化的主干。随着藻类植物大量繁衍，通过光合作用释放出大量氧气，这样既改变了大气成分，也增加了海水中的氧气，有利于海洋动、植物的生存。另外，大气中的一部分氧气由于闪电作用形成臭氧层，阻挡紫外线的辐射，这就使植物从海水中登陆成为可能。

大约距今4亿年前后的古生代志留纪至泥盆纪，地壳出现造山运动，海洋面积缩小，大片海底上升为陆地。在海水退潮和涨潮的交替过程中，水生植物大规模登陆，裸蕨类植物捷足先登。这些登陆的先行者，不适者淘汰，适者生存。到古生代石炭纪（距今3.5亿～2.8亿年）逐渐演化为石松类和楔叶类植物，进而演化为真蕨类植物，并高度繁荣，形成大片的沼泽森林。它们不仅在形态结构上发生了变化，而且能产生孢子，在空气中传播，尽管这些孢子在受精过程中，精子必须有水才能游动，但确是一个了不起的飞跃。时间延续到古生代晚二叠纪至中生代侏罗纪，地球上气候渐趋干旱，多数蕨类植物开始走向衰败，裸子植物开始兴起。一部分蕨类植物在失水与得水的矛盾斗争中，演化为种子蕨，进而演化为苏铁类、银杏类、松柏类植物。由于它们有比真蕨类植物发达得多的根、茎、叶，光合作用和输导功能大大提高，尤其在受精过程中产生了花粉管，进一步摆脱水的限制，形成了裸露的真正的种子，进入了比较高级的裸子植物阶段。到距今2.25亿～1.25亿年的中生代侏罗纪至早白垩纪期间，苏铁、银杏、松柏类植物强烈分化，迅速扩展，组成裸子植物的浩瀚森林，几乎遍布全球（除赤道和南极洲外）。银杏家族极为繁盛，至少有20多属150多个种，在中国就有10多个属100多个种，占全球的三分之二。

从白垩纪晚期（大约距今1亿年左右）开始。地球上气候分带日趋明显，气温大幅度下降，既干旱又寒冷，多数裸子植物逐渐衰败，代之而起的是具有双受精作用的被子植物（大约距今0.26亿年前出现草本植物）。银杏类植物也不例外，开始衰败，大部分被淘汰了。只剩下银杏属的一属一种银杏，保持固有性状生存下来。到新生代第四纪（距今0.02亿～0.015亿年）北半球发生了大陆冰川运动，由北向南滚动，寒冷气流威逼整个世界。尤其是欧洲、美洲、大洋洲及亚洲的大部分成整块覆盖。剩下的一属一种银杏在这些地区未能幸免，全部绝灭了，成了最后的“化石银杏”。

从地质史上看，我国受到冰川袭击也是相当广泛的，但与欧美不同。由于南欧山脉大多数呈东西走向，形成一道道屏障，使从北方来的寒流逐渐变缓，覆盖面逐渐缩小，寒冷强度逐渐减弱。这样，使我国呈间断性高山冰川，东一块、西一块，各不相连。因此，在我国有的地方没有受到冰川的影响。尤其是在鄂、豫、皖、浙四省交界的深山谷地影响轻微或未受影响，仅存的一属一种银杏便在这些地方遗留下来，生生不息，绵延至今。目前，浙江的天目山、湖北的神农架、大洪山和河南与安徽交界的大别山，还有呈野生状态或半野生状态的银杏，就是实证。这些地方既是中国现代银杏的原生地，也是当今世界银杏的原生辐射中心。

相对孑遗之前已经绝灭的“化石银杏”，银杏“孑遗种”及其子孙，虽在银杏家族的历史长河中占极短一段时间，但也有近200万年的繁衍历程。

现状——繁荣昌盛的“骄子”

目前，银杏“孑遗种”的子孙，遍布全球温带、暖温带及亚热带广大地区。银杏在本土中国极其昌盛，栽培历史、栽培面积、品种资源、果叶产量居全球之冠。

栽培历史 从现存银杏古树树龄分析，大约在公元前的商周时，就有栽培，主要栽植于佛教、道教的寺庙观院和王室园林。作为种子的产业栽培，始于三国时期，盛于宋代。据不完全统计，全国胸径1.5m以上的银杏古树有300多株。山东省莒县浮来山定林寺佛教徒手植的一株银杏树，树高24.8m、胸径3.97m，冠幅877.2m^2，树龄超过3 300年,比著称于世的北美巨杉（3 000年）还要古老，被誉为“天下第一树”。

分布地域 从地理分布看，银杏分布北至辽宁省的沈阳、丹东，南至广东省的广州，东南至台湾省的南投，西抵四川省的西部，东至浙江省的舟山普陀岛。东西

春

长2 700km，南北宽2 300km，跨越20个纬度区，28个经度区，除黑龙江、吉林、内蒙古、青海、西藏等地外，其余各省（自治区、直辖市）都植有银杏。从垂直分布看，从江苏省泰兴市海拔4.5m至四川的邛崃山海拔3 000m的区域都有银杏分布。其中，以北纬31°左右、海拔10m以上1 000m以下、年平均气温13.1～18.3℃、年平均10℃以上积温4 000～6 500℃、年平均无霜期195～300天、土壤pH值5.5～7.5、年平均降水量800～1 500mm地区的银杏生长最为茂盛。

银杏种子主产区 主要集中在江苏省的泰兴、邳州、吴县、泰县、泰州；山东省的郯城、海阳、文登；浙江省的长兴、诸暨、临安、富阳、安吉；湖北省的安陆、随州、南漳、京山、大悟；河南省的新县、光山、信阳、陕县、嵩县；广西壮族自治区的灵川、兴安、临桂、桂林；安徽省的金寨、霍山、宣城、歙县、宁国；湖南省的祁阳、宁远、道县、资兴、新化、洞口、桑植；贵州省的盘县、正安、务川、道真；四川省的安县、北川、彭州、都江堰；广东省的南雄；福建省的浦城、崇安、尤溪、建阳、上杭；江西省的婺源、德兴、上饶、分宜；河北省的遵化、易县；辽宁省的丹东等15个省（自治区、直辖市）的60个县（市），其中以湖北的安陆、江苏的泰兴、邳州为最，是国家命名的“银杏之乡”。

产品产量 据中国农村技术开发中心1977年统计资料，全国有结果银杏大树约80万株，年均产白果1.5万t，占世界总量的90%，产量最高的江苏省年均产白果4 200t，其中泰兴市年均白果产量近3 000t，居全国县（市）之冠。银杏干青叶年产量2万t以上，占世界总量的70%。产量最高的江苏省邳州市1997年银杏干青叶产量达7 000t，其次是山东省的郯城县也在3 000t以上。广西桂林地区10个县至1995年已

夏

建成银杏采叶园19万亩。

种质资源 我国银杏的种质资源十分丰富，是人们长期栽培、选育的结晶。1993年，中国林业出版社出版的《中国果树志·银杏卷》，除登记的一些地方品种外，还详细记载了我国各地已经应用的5大类46个品种。（一）长子类品种 ：金坠子、橄榄果、粗佛子、圆枣佛手、金果佛手、叶籽银杏、余村长子、天目长籽、九甫长籽；（二）佛手类品种：佛指、七星果、扁佛指、野佛指、尖顶佛手、洞庭佛手、早熟大佛子、鸭尾银杏、长柄佛手、小黄白果、青皮果、黄皮果、贵州长白果、长糯白果；（三）马铃类品种：海洋皇、马铃、猪心白果、圆底果、圆锥佛手、江槎银杏、李子果；（四）梅核类品种：梅核、棉花果、珍珠子、眼珠子、庐山银杏；（五）圆子类品种：龙眼、圆铃、垂枝银杏、算盘子、大圆子、小圆子、皱皮果、葡萄果、桐子果、糯米白果、松壳银杏。其中至少有10个以上是已有大批嫁接植株的生产性优良品种。如梅核、天目长籽、九甫长籽、佛指、扁佛指、野佛指、早熟大佛籽、鸭尾银杏、海洋皇、洞庭佛手等。以上这些仅是银杏种质资源的一部分，还有不少品种待评。

中国银杏在国外 当今世界各国生长的银杏，无不源于中国。

唐代（618～907）中国银杏作为“圣果”，首先东渡日本。目前，日本80%的国土面积都有银杏分布，22个主要城市银杏行道树在树种分类中占第一位。在京都、神奈川县、大阪府将银杏定为“都树”、“县树”和“府树”。以采叶为经营目的的银杏矮化密植园已在日本的西部兴起。

1730年荷兰从日本将中国银杏引种在乌得勒支植物园，1754年英国引入皇家植

秋

物园，1768年奥地利引入维也纳植物园，1784年美国引入国家树木园。1982年美国在南卡罗来纳州建起了第一个银杏采叶园，共栽植银杏1 000万株。目前美国100多个植物园都栽有中国银杏。

19世纪，德国、法国、新西兰、澳大利亚、瑞士、加拿大、意大利等国也相继引入中国银杏。目前，中国银杏已成为世界上温带、暖温带及亚热带50多个国家和地区普遍栽植的经济树种和风景园林绿化的重要树种。

价值——备受青睐的“宠儿”

有史以来，我国人民对银杏情有独钟，期望值高，珍为“骄子”，视为“宠儿”。历代科学家对银杏价值的研究和应用，更是倾其心血，不遗余力，认为银杏树不是一般的果树，而是集科研、食品、用材、观赏、环保于一身的多用途树种。

自然科学家眼中的银杏 古植物学家、植物分类学家、植物形态比较学家、植物解剖学家、植物胚胎学家、古生物学家、古地质学家、古气象学家都对银杏产生浓厚的兴趣，认为具有多种的科研价值。

有的说：银杏是介于蕨类植物和被子植物之间的过渡性植物，是裸子植物中较原始的类型，还具有低等植物某些性状的痕迹，是进一步探讨裸子植物起源的好材料。

有的说：银杏能在如此长的地质年代中，保持其遗传稳定，是与其基因有关的，通过对银杏生态学遗传学的研究，对丰富物种进化理论具有重大意义。

冬

（潘小平 摄）

（潘小平 摄）

有的说：银杏短枝上着生胚珠和孢子叶球，这种天然短枝型果树，为研究裸子植物的结实规律、早果丰产理论和实践，奠定了物质基础。

有的说：银杏是研究细胞学、植物胚胎学、古生物学、古地质学的理想材料。

有的说：银杏较大的种实形态，为研究种子发育过程中的形态、生理和生化变化，提供了良好的材料。

有的说：对银杏种子繁殖、嫁接繁殖、插条繁殖、树瘤繁殖、组织培养繁殖方法的研究，可以进一步揭示银杏生存的奥妙。

众多植物学家认为，银杏还有许多“迷”尚未解开，有待进一步研究和探讨。如：①银杏的生殖器官内具有游动带鞭毛的精子，而同样是裸子植物的其他树种却又不具备；②银杏寿命长，抗逆性强的奥秘；③银杏雌雄树早期外表形态的实地鉴别标准；④银杏品种的成熟期，丰产性能，生物学特性方面的表现；⑤银杏品种（种核、叶）的优劣标准；⑥银杏雄树之间的差异和品种类型的划分。

营养学家眼中的银杏 历代营养学家、美食家对银杏种仁的营养价值，情有独钟。宋朝皇帝喜食银杏种仁，一食赏千金，把银杏列为皇家“贡品”。自此，银杏种仁用于高级筵席，招待贵宾。如孔府宴中的“诗礼银杏”、鲁菜中的“白果鸡丁”、四川青城道家的“白果炖鸡”、浙江的“白果蒸鸡”、还有“蜜汁白果”、“明火白果粥”、“白果八宝饭”、“白果莲子汤”、“银杏枣仁汤”等都是久负盛名的名菜佳肴。

中国医学科学院卫生研究所等单位的科研人员专门对银杏种仁的营养成分进行分析，得出结论：银杏种仁营养成分和含量与板栗、莲子相近似。除钙、维生素B_2

以外，蛋白质、脂肪、磷、铁、胡萝卜素、维生素B_1超过板栗和莲子。做成菜肴，味道鲜美、柔韧细腻、别具风味，较莲子更胜一筹。

近年来，随着饮食科学的发展，营养学家不断有新的研究成果问世。以银杏种仁为原料的食品、饮品迅速增长，如“白果精”、“白果露”、“银杏汁”、“白果罐头”、“银杏月饼”、“银杏仁蒸糕”、“银杏绿豆沙”等陆续上市，深受消费者的喜爱。

医药学家眼中的银杏 诸家名医对银杏的药用价值更具慧眼。元朝李杲在其《食物本草》和吴瑞的《日用本草》中首先提到银杏种仁的药用价值。明代李时珍的《本草纲目》对银杏种仁的药用功能记为“入肺经、益脾气、定咳喘、缩小便”。清代张璐璐的《本经逢源》记为“具有降痰、消毒、杀虫之功能”。还有古医书如《济急易方》、《本草便读》、《医学入门》、《摄生众妙方》等总结了民间用白果治病疗疾的大量土方、验方。

现代医学进一步探明：银杏种仁除富含营养成分外，还含有白果酚、氢化白果酸、氢化白果亚酸、银杏酸、脂固醇等多种药用成分。对于多种类型的葡萄球菌、链球菌、白喉杆菌、炭疽杆菌、枯草杆菌、大肠杆菌、伤寒杆菌等有不同程度的抑制作用。

明代刘文泰在公元1505年编撰的《本草品汇精要》中，首先涉及内用银杏叶治病。近数十年来，药学界和化学界的科学家对银杏叶进行分析研究，发现银杏叶中的成分极为复杂。除含有银杏醇、草酸、谷甾醇多种银杏内酯外，还含有类黄酮素（包括：双黄酮素、黄酮甙、儿茶酸、表儿茶酸、前翠雀素）等药用成分。大量药理和临床验证：银杏叶提取物具有扩张血管，促进微血管循环，增进人体生理机能的作用。是治疗高血压、脑动脉硬化、糖尿病和心血管疾病的良药。我国上海信谊药厂、浙江康恩贝集团公司、江苏扬子江药业公司、山东威海申威药业有限公司、深圳海王药业有限公司生产的舒血宁针片剂和冠心酮针片剂等银杏黄酮甙新药，已大量投放市场，年销售额达数亿元。中国医学科学院药用植物研究所研制的西洋参银杏复方制剂，经临床验证对脑缺血、心肌缺血症有明显的疗效。

此外，江苏扬州大学医学院药理教研室对银杏外种皮成分和药效学进行实验研究，初步探明，其成分和药理与银杏叶提取物大体相似。

木材学家眼中的银杏 成俊卿主编的《木材学》认为银杏树属特殊的轻软型木材树。其木材的密度、干缩系数、顺纹抗压强度、抗弯弹模量、顺纹抗剪强度、横纹抗压强度、顺纹抗拉强度、冲击韧度、硬度、抗劈力等物理学性质指标，高于杉木和云杉，低于红松。在阔叶材中，高于毛白杨，低于樟树。其木材纹理直，结构细而均匀，强度中弱，干缩性小，不易变形，不翘裂，锯刨容易，光洁度高，耐腐性强，年轮明显，色泽淡雅，是工艺雕刻、精美家具及室内装饰的优良材料。

园林学家眼中的银杏 古今园林学家按照以乔木为主，常绿为主，长寿抗风抗污为主的植物材料选择原则和空间上以高大雄伟的乔木为骨架，以常绿和阔叶为重点，以体现民族风格、历史文化、遮荫、观赏为总目的的园林绿化艺术要求，把银杏、柏树、松树、槐树列为中国四大长寿观赏树种。并把银杏名列榜首。

银杏树之所以受到园林学家的青睐，是因为它的叶形、干形、冠形以及内在性状给人以美感。银杏树叶玲珑奇特，酷似折扇，盛夏碧绿，冠大荫浓，给人以清凉的享受；深秋金黄，习习生辉，使人温暖而充实；树干高大挺拔，雄伟苍劲，枝如虬龙，皮隆如乳，华贵典雅，肃穆壮丽，令人顿生崇敬之情；寺庙道观，皇家园林，圣贤府第，名山胜地经银杏古树一装点，给人一种庄重古朴、神秘莫测之感，越发容易使人发思古之幽情。

现代科技研究表明，银杏树不仅长寿，还具有抗病虫、抗烟尘、抗风、抗毒、抗离子辐射等特性，是公认的无公害树种。应把银杏列为庭院、机关、学校、工厂和街道绿化、美化、净化的首选树种。

（潘小平 摄）

第二章
安陆银杏历史悠久

安陆处于大洪山、桐柏山延伸的低山丘陵与江汉平原北缘交汇地带。属亚热带季风气候区。地理位置东经113°19′～113°57′，北纬31°03′～31°29′。东西长61km，南北宽46km，总面积1 355km^2，海拔500～200m的低山丘陵面积占全境的79.2%。境西北和东北环山，呈半月型北高南低地形。地质较古老，气候温和，日照充足，热量丰富，雨水适中，植被典型，银杏种质资源极为丰富，是我国银杏原产地之一。

独特的古地质条件

现代安陆地形地貌是经历漫长年代形成的，渊源于华北地台（亦称板块）和扬子地台（板块）。地处扬子地台北部边缘与秦岭褶皱系东端南部交汇地带。10亿～8亿年前晚元古代，经历两次造山运动，扬子地台形成。8亿～7.5亿年前，扬子地台与早已形成的华北地台对接，并固结在一起，初步形成古秦岭山系。此时，安陆的地壳单位也随之形成并处于深海底。到6亿前的古生代震旦纪时，安陆由深海底上升为浅海湾，至早古生代寒武纪—志留纪（6亿～4亿年前），安陆仍处于浅海环境，与淮阳古陆和北部秦岭地区局部断陷形成的深海槽相毗邻。

岁月流逝到古生代志留纪末至泥盆纪（4亿年前），由于地壳变动，安陆北部由浅海抬升为陆地，大批水生裸蕨类植物亦随之登陆，南部仍为浅海。至晚古生代泥盆纪、石炭纪和中生代二叠纪（4亿～2.3亿年前），安陆北部仍为滨海古陆，到中生代三叠纪末（2亿年前），随着秦岭山系完全隆起和地质活动趋于稳定，安陆抬升为内陆。到白垩纪晚期（7 000万年前）安陆南部地区与江汉平原一起为内陆断陷盆地并形成大湖泊，安陆处于大湖泊边缘地带。到新生代第三纪时，因气候变得干燥，古湖泊水位变浅，范围缩小。至此，安陆全境古地理状况与现代接近。

碧山涢水 （周钊 摄）

在漫长的时间里，安陆大地构造经历了一个由深海底→浅海湾→滨海古陆→内陆临湖→现代地貌的独特变迁过程。其变迁年代和轨迹，与银杏类植物的起源及繁衍的年代和轨迹吻合一致，安陆是银杏类植物绝佳的诞生地。从晚二叠纪至侏罗纪、早白垩纪包括银杏类植物在内的裸子植物组成的浩瀚森林覆盖全球时，地处华中腹地的安陆理所当然的是银杏类植物的核心分布区之一。

新生代第四纪初北半球发生大陆冰川运动，寒冷气流南下时，由于北部有秦岭、大巴山的阻隔和伏牛山、桐柏山的屏障，加上安陆自身“叠嶂层峦，山环泽汇”的独特地形，受冰川南下气流的影响轻微。尤其是境西北大洪山腹地的云雾山、太平山、大安山等深山谷地影响更轻或未受影响。古老的银杏便在安陆这块生她养她的天然摇篮里遗存下来，绵衍至今。

优越的生态环境

从晚古生代始，安陆总的气候经历了从海洋性热带—亚热带潮湿气候到亚热带季风气候的变化过程。其间，白垩纪晚期，新生代初期的干冷和第四纪初冰川影响的寒冷气候仅是短暂的一瞬。现代气象资料显示：安陆全境年平均气温15.9℃，极端最低气温−15.3℃，7月平均气温28.1℃，1月平均气温2.6℃。年平均日照时数2 172.7小时，5月平均日照192.4小时，6月平均日照217.7小时，7月平均日照253.8小时，日照率49%。年平均太阳辐射量112kCal/cm^2，年平均无霜期246天。10℃以上年平均积温5 066℃，年平均降雨量1 117mm，年平均蒸发量1 587.3mm。这一四季分明，雨热同期，日照和热量充足，雨水适中，春秋短，冬夏长的兼具南北特点的气候，极适宜银杏的生长。

全境地势自西北向东南倾斜，西北、东北为低山丘陵，中部为岗地，南部为平原。境内有清水河、府河（涢水）、漳河三大水系。大小溪流102条，总长度690km。林地土壤以黄棕壤土为主，其次为灰紫泥土、次生石灰土、灰麻骨土、紫砂土、潮土、潮沙泥土，土壤肥力高，土壤中酸碱度呈弱酸性至中性反映，pH值多为5.6～7.6之间。水土资源质量及组合，也为银杏生长提供了良好的立地条件。

安陆近代植物区系在湖北省划分的带区中，属鄂东北低山丘陵青冈栎、落叶栎类、马尾松植被区。在世界植物区系起源上，正处于古北极和古热带两个植物区系的交汇地带，具有南北过渡特点。森林植物群落组成属常绿落叶阔叶和针叶混交林类型。据不完全统计，全市维管束植物近3 000种，入药植物504种，占全国规定品种的51.2%。林木树种有81科150属227种。其中，裸子植物除麻黄、买麻藤、红豆杉外，有银杏、松、杉、苏铁、罗汉松、三尖杉共7科18属27种，占全国裸子植物科的70%，属的52.9%。存留的古树名木以银杏、松、柏、栎居多。还有狸类、獾类、豹、野猪、松鼠等野生动物。可以说，安陆近代植物区系就是国内外学者所称

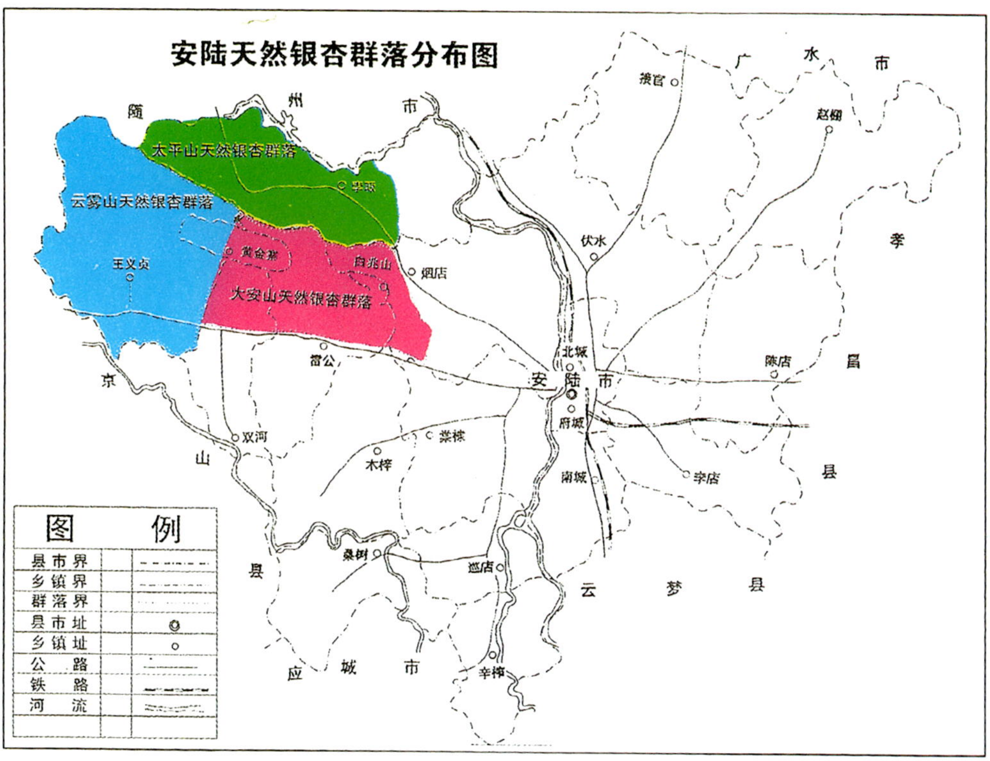

的“银杏区系”。

优越的气候、土壤和水资源、植被、动物等生态环境正合银杏天然生长、繁衍所必需的条件。安陆是孑遗之后银杏原生辐射中心之一。

古老的天然群落

安陆银杏虽饱经风霜，历经战乱，仍以孤傲雄奇，勃勃生机，吸引着人们以抒发回归自然的韵味去景仰她、探索她。据林业局森林资源清查资料和农业局果树资源普查资料及近期实地进一步核查，全市有结果银杏大树2.9万多株，年均产白果超过30万kg，境内15个乡镇办事处均有银杏大树分布。90%以上集中在云雾山、太平山、大安山天然银杏群落里。据中国科学院武汉植物研究所专家测定和立地条件及胸径与年龄的相关关系推算，全市现存100年以上古银杏树4 673株，其中千年以上的有59株。

云雾山、太平山、大安山位于境西北大洪山东南中部腹地，自古为“奇峰覆盖，万木荫屯”、“林峦耸翠”的多林地区，涵盖王义贞、孛畈、雷公、烟店4个乡镇的57个行政村，总面积285km^2，是安陆天然银杏的密集区。这些天然银杏群落状况概括起来，有以下四个方面的特点：

1. 纯自然更新的散生点片状。银杏树呈天然野生状态，成点、成片与伴生植被为伍，散生于山腰、山脚、山洼、溪边、石缝中。成因有两条：一为原生银杏古树枯朽后树蔸萌生的根蘖苗长成大树，老死新生，周而复始，绵衍不断。二为动物传播。群落里有一种名为花面狸（当地人称白果狸）的动物，善上树，食百果，尤其喜食银杏球果，其肠胃只能消化银杏的外种皮，种核随粪便排出，活动到哪里，排到哪里。经雨水冲流散布，遇适宜气温和土壤，便生根、发芽，由小树苗长成大树，两种因素合一，年复一年，由点到片蔓延开去。

2. 半自然更新的聚集条带状。呈半天然状态，依自然山间、谷地，生长于宅旁、路旁、塘边、禾场边，长藤结瓜成条成带。成因有三条：一为原本是野生银杏树，移民或扩建居民点时，就在其旁或其中空地筑基建房居住后，加以培植保护，令其延年，增加收入。二为野生实生树苗，人工移栽繁殖。三为根蘖苗自然繁殖或人工移植根蘖苗繁殖。

以上两种状态，既有100年以上、1 000年以上大树，也有几十年、十几年、几年的幼树和树苗。

3. 纯人为更新的规范块型状。呈园林式，分布于房前屋后庭院、山坡地、塝地、菜园地。是现代人们运用科技手段，整体规划设计整地，人工种子育苗移栽，培肥、嫁接管理建造的或果用或叶用或材用的银杏园，试图充分猎取古银杏的奇特价值，造福人类，推进人类文明。

4. 原生种核的形态变异状。银杏是单属种雌雄异株植物。境内现存的古银杏

云雾山 （沈章银 摄）

树，是以原生状态的梅核类实生群为遗传基础的。梅核类是安陆市银杏的主要品种。其生物学、生态学特征保持着遗传稳定，至今很少改变。按现行的以银杏种核长宽比例和两轴线正交位置的银杏分类标准，我市还有一定比例的圆子类、马铃类、佛手类品种。同时，这四大类20多个品种中还有早、中、迟熟之分，粘、糯、苦、甜之别。在尚未弄清楚雄树之间的差异和品种类型的情况下，我们以为这些银杏种核形态的变异状态和种仁内质的变异性质是与其长期天然杂交（异花授粉）有关的。圆子类、马铃类、佛手类品种有可能是原生梅核类品种的变异品种。因此，对银杏的变种、变型、杂交种及其实生类群的生物学特征、经济性状、遗传基础、亲缘关系等还需进行深入的研究。

云雾山天然银杏群落

西北接随州市洛阳镇玉皇顶、马孔坳，西南与京山县交界。“层峦杳嶂，削翠摩青，春行如秋，晴行若雨”。涵盖王义贞镇的钱冲、花园、唐僧、梅花、同兴、桃元、星火、团山、柏杨、太平、石塘、铜门、大桥、刘岗、石门、汝南、杨港、朱桥、罗垅、彭畈、三合等21个行政村，总面积125km^2，是安陆天然银杏的核心区。

分布海拔110～450m。着生土壤：以黄棕壤土、紫色土为主。伴生植被及野生动物：马尾松、杉、柏、三尖杉、青冈栎、麻栎、三角枫、乌桕、山核桃、板栗、杜鹃花及花面狸、獾类、鼬、松鼠、豹、野猪、乌鸦等。

日军侵华至建国前砍伐古银杏树20多株，建国后兴修水库及其他因素砍伐古银杏树58株。现存100年以上古银杏树2 995株，其中，1 000年以上的50株。建国后培

太平山 （沈章银 摄）

植的30年以上的银杏结果大树18 900多株，10年以上的银杏小树158.6万多株。

太平山天然银杏群落

西接随州市洛阳镇三里岗、西狗脊岭，南与云雾山相依，北与随州市相邻的清水河水库为界。“崇山如屏”、“林锁四时雾，渠流万古烟”，入则“烟霏雾结，杳然无路，游者迷离不知所往”。涵盖孛畈镇的柳林、三里、月岭、板金、杨堰、陈河、孛畈、杜庙、长松、横山等10个行政村，总面积77km^2，是安陆天然银杏的密集区。

分布海拔110～450m。着生土壤：以黄棕壤土、灰麻骨土、次生石灰土为主。伴生植被及野生动物：马尾松、柏、三角枫、铜钱树、青冈栎、麻栎、乌柏、山核桃、柿子、杜鹃花及花面狸、松鼠、獾类、鼬、野猪、豹、乌鸦等。

日军侵华至建国前砍伐古银杏树30多株，建国后兴修水库及其他因素砍伐古银杏树60多株。现存100年以上古银杏树1 190株，其中，1 000年以上的7株。建国后培植的30年以上的银杏结果大树6 500多株，10年以上的银杏小树16.6万多株。

大安山天然银杏群落

西接云雾山、太平山，东至白兆山麓。“古木参天，浓荫蔽日”，“两岑抱东壑，一嶂横西天。树杂日易隐，崖倾月难圆”，“绕黄金寨而南地僻人迹罕至，更北有白果寺，则林樾愈深，直入月落岭下”。涵盖雷公镇的大安、九峰、万福、云岭、望河、许棚、白兆、曹程、杜棚、王祠、新桥、横冲、彭桥、祖寺、庙岗、柏桥、长冲、魏桥，烟店镇的双岭、柏树、尖山、碧山、袁畈、邓河、双庙、横路等

大安山　（沈章银 摄）

26个行政村，总面积83km²，是安陆天然银杏的密集区。

分布海拔100～380m。着生土壤：以紫沙泥土、次生石灰土、灰麻骨土为主。伴生植被及野生动物：马尾松、柏、三角枫、铜钱树、青冈栎、麻栎、乌桕、山核桃、柿子、杜鹃花及花面狸、獾类、鼬、豹、野猪、松鼠、乌鸦等。

此群落人为破坏惨重。特别是日军侵华攻占安陆后，雷公是日军重要据点之一，据当地老年人回忆，日军烧毁松柏森林1 000多亩，砍伐古银杏树60多株。建国后兴修水库及其他因素砍伐古银杏树42株。现仅存100年以上古银杏树21株，其中，1 000年以上的2株。建国后培植的30年以上的银杏结果大树2 200多株，10年以上的银杏小树21.5万多株。

松鼠（潘小平 摄）

花面狸（当地人称白果狸）（易家镜 摄）

马尾松、三角枫、青冈栎混交林

混交林

乌桕

三尖杉

草丛中野生实生银杏树苗

石缝中野生实生银杏树苗

原生银杏树蔸上萌生的小银杏树

溪边野生银杏树

王义贞镇钱冲村钱家冲下石咀古银杏群落。面积约0.8km^2。境里有100年以上古银杏树22株，其中：1 000年以上的1株，800年以上的1株，500年以上的3株。还有30年以上的银杏结果大树96株，10年以上的银杏小树1 850多株。

王义贞镇钱冲村钱家冲腊树垮古银杏群落。面积约0.9km^2。境里有100年以上古银杏树61株，其中：1 000年以上的5株，800年以上的5株，500年以上的8株。还有30年以上的银杏结果大树176株，10年以上的银杏小树2 640多株。

王义贞镇钱冲村钱家冲王家垮古银杏群落。面积约0.5km^2，境里有100年以上古银杏树43株，其中：1 000年以上的1株，800年以上的1株，500年以上的7株。还有30年以上的银杏结果大树81株，10年以上银杏小树320多株。

王义贞镇钱冲村钱家冲柳树塆古银杏群落。面积约1.2km^2。境里有100年以上古银杏树53株，其中：1 000年以上的3株，800年以上的10株，500年以上的5株。还有30年以上的银杏结果大树183株，10年以上的银杏小树2 800多株。

王义贞镇钱冲村杨家冲小陈家塆古银杏群落。面积约0.6km^2。境里有100年以上古银杏树29株，其中：1 000年以上的3株，800年以上的2株，500年以上的3株。还有30年以上的银杏结果大树176株，10年以上的银杏小树2 900多株。

王义贞镇钱冲村杨家冲周家大塆古银杏群落。面积约1km^2。境里有100年以上古银杏树38株，其中：1 000年以上的4株，800年以上的8株，500年以上的6株。还有30年以上的银杏结果大树385株，10年以上的银杏小树15 000多株。

王义贞镇钱冲村杨家冲卢家塆古银杏群落。面积约0.2km²。境里有100年以上古银杏树7株，其中：1 000年以上的1株，800年以上的2株。还有30年以上的银杏结果大树85株，10年以上的银杏小树2 500多株。

王义贞镇唐僧村丁家冲白果树塆古银杏群落。面积约0.3km²。境里有100年以上古银杏15株，其中：1 000年以上的2株，800年以上的4株，500年以上的6株。还有30年以上的银杏结果大树51株，10年以上的银杏小树350多株。

王义贞镇唐僧村丁家冲东横冲古银杏群落。面积约0.7km²。境里有100年以上古银杏树39株，其中：1 000年以上的1株，800年以上的5株，500年以上的4株。还有30年以上的银杏结果大树85株，10年以上的银杏小树4 500多株。

孛畈镇柳林村杨家冲老洼古银杏群落。面积约0.7km²。境里有100年以上古银杏树12株，其中：1 000年以上的1株，800年以上的3株，500年以上的3株。还有30年以上的银杏结果大树43株，10年以上的银杏小树1 100多株。

59株1 000年以上银杏树生长与分布

安陆1 000年以上的银杏树共有59株。文中编号为南京林业大学、安陆市林业局2009年共同为安陆市100年以上古银杏树挂牌保护的编码。

编号：G200901001

着生地点	白兆山顶峰祖师殿旁
性　　别	雌
品种类型	梅核
树　　龄	1 300年（树高16.8m，胸径1.59m）
更新状态	野生实生苗移栽
生长状况	主干自1.8m处分成3个侧枝张开，已枯死，主干基根部萌生数株小树
管 护 人	唐杰

编号：G200902002

着生地点	雷公镇万福村何家塆
性　　别	雄
品种类型	尚不清楚
树　　龄	1 400年（树高35m，胸径1.63m）
更新状态	野生实生苗移栽
生长状况	主干直立，自主干基根部分成大小两主枝，直立，呈衰老状
管 护 人	何志强

编号：G200904003

着生地点	孛畈镇月岭村杨家冲秦家台子
性　　别	雌
品种类型	佛手
树　　龄	1 300年（树高32m，胸径1.74m）
更新状态	野生实生苗长成
生长状况	树冠高大挺拔，树皮变黑，生长旺盛
管 护 人	秦可兵

编号：G200904004

着生地点	孛畈镇月岭村罗家冲半山腰
性　　别	雌雄同株
品种类型	圆子，雄枝品种类型尚不清楚
树　　龄	1 100年（树高32.8m，胸径1.52m）
更新状态	野生实生苗长成
生长状况	上部为雄枝，下部两枝为雌枝，生长旺盛
管 护 人	罗碧耀、周富有

编号：G200905005

着生地点	孛畈镇柳林村范家冲刘家洼山腰
性　　别	雌
品种类型	梅核
树　　龄	1 300年（树高35m，胸径1.44m）
更新状态	野生实生苗长成
生长状况	树干高大，侧枝粗壮，呈塔形
管 护 人	张德忠

编号：G200905006

着生地点	孛畈镇柳林村小陈家冲山腰
性　　别	雌雄同株
品种类型	梅核，雄枝品种类型尚不清楚
树　　龄	1 200年（树高27m，胸径1.52m）
更新状态	野生实生苗长成
生长状况	树干高大，分枝粗壮，树皮粗黑，生长旺盛
管 护 人	李可银、张玉华

编号：G200905007

着生地点	孛畈镇柳林村小陈家冲大堰旁
性　　别	雌
品种类型	梅核
树　　龄	1 100年（树高17m，胸径1.47m）
更新状态	野生实生苗移栽
生长状况	树冠分层明显，分枝较多，多断裂萌新
管 护 人	张德安、陈东明

编号：G200905008

着生地点	孛畈镇柳林村杨家冲老洼
性　　别	雌
品种类型	梅核
树　　龄	1 000年（树高22.4m，胸径1.48m）
更新状态	野生实生苗长成
生长状况	主干粗壮，侧枝发达
管 护 人	张德江

编号：G200905009

着生地点	孛畈镇柳林村刘家冲喻家洼
性　　别	雌
品种类型	佛手
树　　龄	1 200年（树高25.4m，胸径1.51m）
更新状态	野生实生苗移栽
生长状况	树冠高大，分枝粗壮
管 护 人	陈长江

编号：G200906010

着生地点	王义贞镇唐僧村大周家冲彭家塆
性　　别	雌
品种类型	圆子、佛手
树　　龄	1 500年（树高34m，胸径1.89m）
更新状态	野生实生苗长成
生长状况	主干下部膨大，由4个主枝合成伞状
管 护 人	彭小波

编号：G200906011

着生地点	王义贞镇唐僧村大周家冲庙塆南堰边
性　　别	雌
品种类型	梅核
树　　龄	1 600年（树高31.5m，胸径1.92m）
更新状态	野生根蘖苗移栽
生长状况	主干基部粗大，萌条多，上部分层形成侧枝
管 护 人	周守川

编号：G200906012

着生地点	王义贞镇唐僧村大周家冲庙塆前溪边
性　　别	雌
品种类型	梅核
树　　龄	1 300年（树高28.5m，胸径1.58m）
更新状态	野生实生苗长成
生长状况	树干成龙形，断枝、脱皮严重，多树奶
管 护 人	周守坤

编号：G200906013

着生地点	王义贞镇唐僧村大周家冲庙塆前溪边
性　　别	雌
品种类型	佛手
树　　龄	1 200年（树高32.3m，胸径1.54m）
更新状态	野生实生苗长成
生长状况	主干高大，分枝少，生长老化，树干基部下有一泉水口
管 护 人	彭瑞林

编号：G200906014

着生地点	王义贞镇唐僧村丁家冲白果树湾
性　　别	雌
品种类型	梅核
树　　龄	1 100年（树高11.4m，胸径1.52m）
更新状态	野生根蘖苗移栽
生长状况	树干在1.2m处分枝成开张型，主干内有被火烧后愈合的痕迹
管 护 人	郭永清

编号：G200906015

着生地点	王义贞镇唐僧村丁家冲白果树湾
性　　别	雌
品种类型	梅核
树　　龄	1 100年（树高25m，胸径1.48m）
更新状态	野生实生苗长成
生长状况	树干在3m处分枝成伞状，生长良好
管 护 人	郭永银

编号：G200906016

着生地点	王义贞镇唐僧村丁家冲东横冲
性　　别	雄
品种类型	尚不清楚
树　　龄	1 200年（树高16m，胸径1.55m）
更新状态	野生实生苗长成
生长状况	树干在1.5m处分成两大主枝张开，树形古老、苍劲
管 护 人	村管

编号：G200906017

着生地点	王义贞镇唐僧村观音冲何家塆
性　　别	雌
品种类型	佛手
树　　龄	1 100年（树高23.4m，胸径1.49m）
更新状态	野生实生苗移栽
生长状况	树冠呈柱形，分枝多而大，节间短
管 护 人	邓定一

编号：G200906018

着生地点	王义贞镇唐僧村观音冲青檀树塆
性　　别	雌
品种类型	梅核
树　　龄	1 200年（树高28.5m，胸径1.54m）
更新状态	野生实生苗移栽
生长状况	树冠主干由两主枝合成，分枝少
管 护 人	邓定年　邓定祥

编号：G200906019

着生地点	王义贞镇唐僧村观音冲白果树洼山腰
性　　别	雌
品种类型	佛手
树　　龄	1 800年（树高41.2m，胸径1.75m）
更新状态	野生实生苗长成
生长状况	树冠高大挺拔，呈宝塔形，旁立有一石碑
管护人	邓增华

编号：G200906020

着生地点	王义贞镇唐僧村小周家冲彭家塆
性　　别	雌
品种类型	梅核
树　　龄	1 000年（树高35m，胸径1.45m）
更新状态	野生实生苗移栽
生长状况	树冠高大，在6m处成开心分枝，有一侧枝已断
管护人	彭贵洲、彭应文

编号：G200907021

着生地点	王义贞镇花园村李家冲严家坳山坡边
性　　别	雌
品种类型	梅核
树　　龄	1 200年（树高32.4m，胸径1.52m）
更新状态	原生根蘖苗移栽
生长状况	树干直立，旁生一侧枝，已断
管 护 人	王爱平

编号：G200907022

着生地点	王义贞镇花园村李家冲黄家洼
性　　别	雌
品种类型	梅核
树　　龄	1 500年（树高28.5m，胸径1.52m）
更新状态	野生实生苗长成
生长状况	树干高大，树皮粗黑，生长旺盛
管 护 人	陈春阳

编号：G200907023

着生地点	王义贞镇花园村李家冲黄家洼
性　　别	雌
品种类型	梅核
树　　龄	1 400年（树高22m，胸径1.45m）
更新状态	野生实生苗长成
生长状况	树干1.5m处分成两个分枝，分枝处树洞里有一朴树寄生
管 护 人	陈百斌

编号：G200907024

着生地点	王义贞镇花园村李家冲雷家塆（南）
性　　别	雌
品种类型	马铃
树　　龄	1 300年（树高28.2m，胸径1.43m）
更新状态	野生实生苗长成
生长状况	树干成圆锥形，生长茂盛
管 护 人	周星火

编号：G200907025

着生地点	王义贞镇花园村李家冲雷家塆溪边
性　　别	雌
品种类型	梅核
树　　龄	1 100年（树高25.4m，胸径1.46m）
更新状态	野生根蘖苗长成
生长状况	树干直立，分枝密而多，呈巨伞状
管 护 人	周星火

编号：G200907026

着生地点	王义贞镇花园村李家冲郭家塆北路边
性　　别	雌
品种类型	梅核
树　　龄	1 200年（树高35m，胸径1.45m）
更新状态	野生实生苗长成
生长状况	主干歪斜，基部萌生一干近百年
管 护 人	陈水明

编号：G200907027

着生地点	王义贞镇花园村李家冲敖家塆
性　　别	雌
品种类型	梅核
树　　龄	1 400年（树高16.7m，胸径1.53m）
更新状态	原生树萌生
生长状况	树干直立，根已开始腐烂，树势较弱，有白蚁
管 护 人	姚本文

编号：G200907028

着生地点	王义贞镇花园村李家冲陈家塆前
性　　别	雌
品种类型	梅核
树　　龄	1 200年（树高20m，胸径1.5m）
更新状态	野生实生苗长成
生长状况	树干3m处分成3个侧枝，长势旺盛
管 护 人	陈学恩

编号：G200907029

着生地点	王义贞镇花园村李家冲陈家塆（北）
性　　别	雌
品种类型	梅核
树　　龄	1 200年（树高18m，胸径1.41m）
更新状态	野生实生苗长成
生长状况	树干2m处分成3个侧枝，树干苍劲多隆起
管 护 人	陈金坤

编号：G200907030

着生地点	王义贞镇花园村李家冲雷家塆
性　　别	雌
品种类型	梅核
树　　龄	1 100年（树高18m，胸径1.42m）
更新状态	野生实生苗长成
生长状况	主干已断，侧枝向西倾斜
管 护 人	涂家国

编号：G200907031

着生地点	王义贞镇花园村李家冲雷家塆
性　　别	雌
品种类型	梅核
树　　龄	1 200年（树高14m，胸径1.4m）
更新状态	野生实生苗长成
生长状况	树皮脱落，树干3m处分成两主枝，西边主枝已断，长势弱
管 护 人	陈桂菊

编号：G200908032

着生地点	王义贞镇钱冲村杨家冲老上塆
性　　别	雌
品种类型	梅核
树　　龄	2 500年（树高34m，胸径2.36m）
更新状态	野生实生苗长成
生长状况	生长旺盛。树干6m处分成4个侧枝，苍劲挺拔，皮粗糙，其中一枝成虬龙状
管 护 人	周存平

编号：G200908033

着生地点	王义贞镇钱冲村杨家冲小陈家塆
性　　别	雌
品种类型	马铃
树　　龄	1 200年（树高20m，胸径1.52m）
更新状态	野生实生苗长成
生长状况	树干挺拔，侧枝粗壮。树干基上部被火烧过
管 护 人	陈国华

编号：G200908034

着生地点	王义贞镇钱冲村杨家冲小陈家塆
性　　别	雌
品种类型	梅核
树　　龄	1 100年（树高25m，胸径1.47m）
更新状态	野生实生苗长成
生长状况	树干2m处分成两主枝，侧枝发达
管 护 人	陈永高

编号：G200908035

着生地点	王义贞镇钱冲村杨家冲小陈家塆
性　　别	雌
品种类型	梅核
树　　龄	1 100年（树高16.3m，胸径1.63m）
更新状态	野生根蘖苗移栽
生长状况	主干直立，树冠呈塔形
管 护 人	陈永朝

编号：G200908036

着生地点	王义贞镇钱冲村杨家冲白果塆（北）
性　　别	雌
品种类型	梅核
树　　龄	1 400年（树高28m，胸径1.62m）
更新状态	野生实生苗长成
生长状况	主干挺拔，侧枝发达，有二侧枝已折断
管 护 人	周德连

编号：G200908037

着生地点	王义贞镇钱冲村杨家冲白果树塆（中）
性　　别	雌
品种类型	梅核
树　　龄	1 100年（树高24m，胸径1.42m）
更新状态	野生实生苗长成
生长状况	主干直立，1.5m处有侧枝，皮老粗黑
管 护 人	周德刚

编号：G200908038

着生地点	王义贞镇钱冲村杨家冲白果树塆（南）
性　　别	雌
品种类型	梅核
树　　龄	1 800年（树高26m，胸径1.78m）
更新状态	野生实生苗长成
生长状况	主干被火烧过。主干1～2m处有6个粗壮侧枝，已折断4个，只有2个生长
管 护 人	周志国

编号：G200908039

着生地点	王义贞镇钱冲村杨家冲周家大塆小石桥边
性　　别	雌
品种类型	圆子
树　　龄	1 300年（树高34.5m，胸径1.56m）
更新状态	原生树萌生
生长状况	树干基1m处分成2个主干，又分成2个侧枝，成伞状
管 护 人	陈永新

编号：G200908040

着生地点	王义贞镇钱冲村杨家冲周家大塆南头
性　　别	雌
品种类型	马铃
树　　龄	1 100年（树高32.4m，胸径1.5m）
更新状态	野生实生苗长成
生长状况	树干直立，树皮黑
管 护 人	周金华

编号：G200908041

着生地点	王义贞镇钱冲村杨家冲周家大塆南头
性　　别	雌
品种类型	梅核
树　　龄	1 100年（树高27.1m，胸径1.44m）
更新状态	野生实生苗长成
生长状况	分枝粗壮，长势茂盛
管 护 人	孙其峰

编号：G200908042

着生地点	王义贞镇钱冲村杨家冲周家大塆门前
性　　别	雌
品种类型	梅核
树　　龄	1 500年（树高21.6m，胸径1.46m）
更新状态	原生树萌生
生长状况	树干基部被火烧后在断裂口处分两枝，似飞龙
管 护 人	周存兵

编号：G200908043

着生地点	王义贞镇钱冲村杨家冲周家祠
性　　别	雌
品种类型	梅核
树　　龄	3 000年（树高37.8m，胸径2.42m）
更新状态	野生实生苗长成
生长状况	树干被火烧后空心，可容纳7人，树冠像巨伞
管 护 人	周存厚

编号：G200908044

着生地点	王义贞镇钱冲村杨家冲周家祠
性　　别	雌
品种类型	梅核
树　　龄	1 100年（树高36.4m，胸径1.58m）
更新状态	野生实生苗长成
生长状况	主干分成2个主枝，生长茂盛
管 护 人	周存法

编号：G200908045

着生地点	王义贞镇钱冲村杨家冲卢家塆
性　　别	雌
品种类型	梅核
树　　龄	1 100年（树高28m，胸径1.48m）
更新状态	野生实生苗长成
生长状况	主干直立、粗壮，断裂处多枝
管 护 人	卢益平

编号：G200908046

着生地点	王义贞镇钱冲村钱家冲陈家塆
性　　别	雌雄同株
品种类型	梅核。雄枝品种类型尚不清楚
树　　龄	1 100年（树高24.7m，胸径1.4m）
更新状态	野生实生苗移栽
生长状况	主干直立、分枝粗壮
管 护 人	孙宗军

编号：G200908047

着生地点	王义贞镇钱冲村钱家冲谭家塆
性　　别	雌
品种类型	梅核
树　　龄	1 300年（树高15m，胸径1.56m）
更新状态	野生实生苗长成
生长状况	主干顶端已断，侧枝枯死，树皮从顶部破裂到基部，基部萌生小树
管 护 人	彭瑞阳

编号：G200908048

着生地点	王义贞镇钱冲村钱家冲谭家塆
性　　别	雌
品种类型	梅核
树　　龄	1 300年（树高15.6m，胸径1.46m）
更新状态	野生实生苗长成
生长状况	主干直立，分枝粗壮，呈塔形
管 护 人	谭定明

编号：G200908049

着生地点	王义贞镇钱冲村钱家冲寨洼
性　　别	雌
品种类型	梅核
树　　龄	1 300年（树高23.4m，胸径1.58m）
更新状态	野生实生苗长成
生长状况	主干直立，从基部萌生一粗干
管 护 人	孙传成

编号：G200908050

着生地点	王义贞镇钱冲村钱家冲寨洼
性　　别	雌
品种类型	梅核
树　　龄	1 200年（树高23.6m，胸径1.52m）
更新状态	原生树萌生
生长状况	树干直立，1m处分成两大主枝，人称“姐妹树”
管 护 人	王炳东

编号：G200908051

着生地点	王义贞镇钱冲村钱家冲寨洼
性　　别	雌
品种类型	梅核
树　　龄	1 000年（树高28m，胸径1.48m）
更新状态	野生实生苗长成
生长状况	树干直立，分枝粗壮，长势茂盛
管 护 人	孙建华

编号：G200908052

着生地点	王义贞镇钱冲村钱家冲彭家塆
性　　别	雌
品种类型	梅核
树　　龄	1 500年（树高14.8m，胸径1.51m）
更新状态	野生实生苗长成
生长状况	主干不明显，长势茂盛
管 护 人	朱文德

编号：G200908053

着生地点	王义贞镇钱冲村钱家冲王家塆
性　　别	雌
品种类型	梅核
树　　龄	1 600年（树高34.7m，胸径1.75m）
更新状态	野生实生苗长成
生长状况	树干基部膨大，树瘤呈猴状，一侧枝断裂
管 护 人	王钦恩

编号：G200908054

着生地点	王义贞镇钱冲村钱家冲柳树塆
性　　别	雌
品种类型	梅核
树　　龄	1 200年（树高23.5m，胸径1.43m）
更新状态	野生实生苗长成
生长状况	树干直立，有4层分枝，生长茂盛
管 护 人	江国林

编号：G200908055

着生地点	王义贞镇钱冲村钱家冲陈家塆
性　　别	雌
品种类型	梅核
树　　龄	2 500年（树高41.3m，胸径1.98m）
更新状态	野生实生苗长成
生长状况	主干直立，分枝粗壮，圆柱形，生长茂盛
管 护 人	江国雄

编号：G200908056

着生地点	王义贞镇钱冲村钱家冲净土塆
性　　别	雌雄同株
品种类型	梅核。雄枝品种类型尚不清楚
树　　龄	1 400年（树高27m，胸径1.49m）
更新状态	野生实生苗长成
生长状况	树干直立，呈伞状，基部萌生一胸径16cm小树
管 护 人	戴拥军

编号：G200908057

着生地点	王义贞镇钱冲村钱家冲积水庵
性　　别	雌
品种类型	梅核
树　　龄	1 800年（树高16.5m，胸径1.81m）
更新状态	野生实生苗长成
生长状况	主干明显，侧枝多而壮。树干基部被火烧过，中空可容3人
管 护 人	孙本志

编号：G200908058

着生地点	王义贞镇钱冲村钱家冲积水庵
性　　别	雌
品种类型	梅核
树　　龄	1 400年（树高17.3m，胸径1.42m）
更新状态	野生根蘖苗长成
生长状况	主干直立，呈圆柱形，长势茂盛
管 护 人	周志汉

编号：G200908059

着生地点	王义贞镇钱冲村钱家冲青檀树塆
性　　别	雌
品种类型	梅核
树　　龄	1 500年（树高18m，胸径1.56m）
更新状态	野生实生苗长成
生长状况	树干在1.5m处，分成三大主枝，长势茂盛
管 护 人	陈世国

第三章
安陆银杏的特性

安陆市银杏科研单位和科技人员经过长期观测和研究，初步掌握了安陆银杏的形态学、生物学和生态学的基本特性，为发展安陆银杏产业奠定了良好的基础。

安陆银杏的形态学特性

银杏的根

根是银杏的主要营养器官之一，其主要功能是吸收土壤中的水分和养分，支撑树体，贮藏养分。银杏属深根性树种，由主根、侧根、须根和根毛组成，主根粗壮发达，一般深1.5m，在条件良好的土壤中根系深达5m。银杏大树的根系特别发达，根幅一般大于冠幅2倍，侧根、须根集中分布在主干周围5～8m范围内，所以银杏具有很强的抗旱和抗风能力。根系的年生长期很长，从3～11月份约250天。银杏的根还有一个特点，就是主根被切断后，能很快长出发达的侧根，其中一侧根生长特别快，形成新的主根。受伤根的恢复期随着树龄的增长而逐渐减慢，小树移栽容易成活，恢复期短，而大树移栽，则需几年的恢复时间。在根茎基部与土壤交接处，遇刺激会产生基生根瘤，即“肉质根”，俗称“椅子”，有再生不定根和不定芽的作用。因此，可利用根瘤的再生作用进行繁殖和更新。

银杏的茎干和分枝

银杏树为落叶乔木，实生树主干通直。茎干是银杏的又一重要营养器官，是由胚芽发育起来的，主要起运输和支持作用。银杏的地上部分有主干、主枝、侧枝和细枝。枝条有长枝和短枝之分。幼树长枝可作扦插育苗。短枝上着生螺旋状排列的叶片。雌花、雄花都着生在短枝上。短枝的寿命很长，已发现有34年生的短枝，长约7cm。开花后，从第3年起到15年时成花能力最强，成花能力可维持22年左右，以后逐年下降。当营养条件改变，如氮素过多时，短枝会转变成长枝，并推迟开花结实。

第四章 安陆银杏栽培管理技术

安陆市银杏栽培历史悠久，形成了一套栽培管理技术。特别是近20年来，栽培管理技术日臻完善，居全国先进行列。

苗木的培育

实生苗的培育

1. 种子处理

选择良种　银杏良种与经营目的有关，材用银杏、叶用银杏和种用银杏都有各自的良种选择标准。按照标准，选好生长健壮和无病虫害的良种雌树，让种实熟透自行落下，选出粒大饱满的种核备用。由于银杏种核有一个后熟阶段，须用湿沙贮藏促使种核胚胎的继续发育。

温床催芽　为了保证提前播种，沙藏的种核应于2月中旬进行温床催芽。方法是：在室外通风向阳处挖一土坑，深50cm，宽1m，长度视种子多少而定。挖出的土块，应培在坑的后缘和两侧，与地面呈45°角。土坑挖好后，先在坑底铺15cm厚的干牛粪或草屑，上盖草帘或芦席，并浇足水，使牛粪或草屑吸水受潮，以便发酵增温。5～7天后，坑内温度升高时，再将沙藏的种核铺在芦席面上，厚度不超过20cm。床面用塑料薄膜封闭，夜晚加草帘保温。为使种核受热均匀，隔5～7天翻动一次。坑内温度应控制在20～25℃，超过30℃时，要及时放风降温。这样10～15天后，种核即可发芽。

切断胚根　发芽的种核在播种前应切断胚根，随切随播。切断胚根，即将长约1cm的胚根，自根颈以下0.3cm处切断。作用是促进根系发育，加速苗木生长。实践证明，1年生断胚根苗的侧根总长比未切断胚根苗增加58.3%，根量增加29.5%，叶片增长58.1%，苗木生长量为对照的1.54倍。

一年生银杏实生苗圃

2. 圃地准备

选择圃地　用来播种的苗圃地，应选择地势平坦、背风向阳、土层深厚（50cm以上）、疏松肥沃、排灌方便的壤土或砂壤土。过于黏重或含沙量大的土壤，或容易积水的地方，不宜用作苗圃地。

整地作床　头年秋末对选好的苗圃地进行全面深翻（30～40cm），并结合深翻施足家自然肥。这样，既可进一步风化土壤，又能减少病虫害。第二年春耙平整细，按东西走向开厢作床。苗床的规格为长10m，宽1.2m，高0.2m。要求中沟低于厢沟，围沟低于中沟，便于排水和灌溉。

施足底肥　每亩施有机肥（圈肥或土杂肥）3 000～5 000kg，过磷酸钙50kg。

土壤消毒　每亩用硫酸亚铁2.5kg，辛硫磷1.5kg，在头年秋末深翻时施入。

3. 适时播种

银杏常规播种的时间是3月下旬或4月上旬，在水肥管理较好的条件下，一年生播种苗高生长期一般为60～90天。为了延长银杏幼苗高茎的生长期，经过催芽断胚根的种核，可比常规播种提前一个多月，即在3月初就可以播种。播种方法常用开沟点播。具体方法是：先按宽窄行开播种沟，宽行40cm，窄行20cm，每厢4行，再按7cm株距在3cm深的播种沟点播，每亩可产苗1.8万～2万株。点播时，应将种核横放，棱线平行于地面；切不可将种核竖放、棱线直立。播种后，覆土以2～3cm为宜，并用脚在沟两侧轻轻踩实。床面再覆盖50cm高的弓形薄膜棚。幼苗出土前，棚温应控制在25～30℃。幼苗出土后（播种后7～10天），棚温应下降到20～25℃。上午棚温超过30℃时，应及时通风降温。到4月下旬，当大田平均气温达到16℃

银杏根蘖苗

时，即可拆去弓形薄膜棚，按常规进行管理。

4. 苗圃管理

苗圃管理，主要是适时追肥，抗旱排涝，松土除草和防治病虫害。根据“少吃多餐”的原则，于5月中旬、6月上旬和7月下旬分3次追肥。5月中旬，每亩追施尿素5kg或碳铵15～20kg（如有腐熟的稀薄人粪尿或草木灰更好）。6月上旬和7月下旬，每亩可依次增加尿素2～3kg，并适量增加磷肥、钾肥或复合肥。追施化肥，要在离幼苗5cm以外开沟入土，并及时灌水，确保安全。雨天应随时排去苗田积水。4月下旬，当幼苗长出2片真叶后，如遇干旱，亦应及时灌一次透地水。适时松土除草，防止碰伤幼苗根颈，以免病菌入侵而烂苗。

5. 小苗移栽

小苗移栽，也称二次育苗。就是为了培育一定规格的银杏大苗，将1～3年生的小苗进行移栽，在苗圃地进行二次培育。小苗移栽，要根据需要的大苗规格来确定继续培育的年限。如用1年生小苗移栽，需要大苗的规格是，苗高2.5～3m，胸径2～2.5cm，则需要继续培育2～3年。若要求大苗苗高3～4m，胸径3～3.5cm，则需要继续培育4～6年。小苗移栽的密度，取决于需要大苗的规格和二次培育的年限。如果需要的大苗为高1.5m，胸径2cm，二次培育两年，则移栽1年生小苗的株行距以15cm×40cm以宜，头年亩栽7 000～8 000株，第二年再隔一株移取一株，使株行距变为30cm×40cm，每亩保留3 500～4 000株。移栽小苗，一般在10月下旬至11月上旬进行，要求随起随栽，保证根系完整，主根长不小于25cm，侧根长不小于20cm。根系过长时，要稍加修剪，剪口要平滑。要保护好顶芽，以免影响干形。栽植时，

银杏二次育苗（亦称小苗移栽）

要求根系舒展，原根颈与地面持平或略高于地面，回填土要逐层踏实。移栽后，应立即修好垄沟，浇水吸根，平整地面，培土保墒。

6. 苗木出圃

苗木出圃时，要搞好苗木分级。1～2年生苗木，其优质壮苗的标准是：

1年生苗，苗高15cm以上，根颈0.5cm以上。主根长于25cm，侧根多于30条，叶片不少于20片。

2年生苗，苗高80cm以上，根颈1.5cm以上。主根长于30cm，侧根多于35条，叶片不少于70片。

嫁接苗的培育

所谓嫁接繁殖，就是利用银杏枝芽的再生能力，把它们从良种大树上嫁接到另一株银杏树（苗）的适当部位上，让接上去的枝芽，取代被接银杏树（苗）的枝芽，利用被接银杏树（苗）的根系，生长发育成一个独立的新株。用嫁接方法培育出来的苗木，就叫嫁接苗。用来嫁接的枝芽，就叫接穗。被嫁接的银杏幼苗（树），就叫砧木。

1. 选择穗条

选择穗条　选择穗条应遵循区域化的原则，以当地优良品种为主，引种为辅。对于外地品种，未经试验，不要盲目引进。选择穗条是保证嫁接苗质量的关键，应该在良种大树（即使没有良种，也应该在自选的优良单株）上，从树冠中上部向阳面的外围枝条中，采集发育充实、芽子饱满的1～3年生枝条。一年生，成活率最

银杏嫁接 （卫保群 摄）

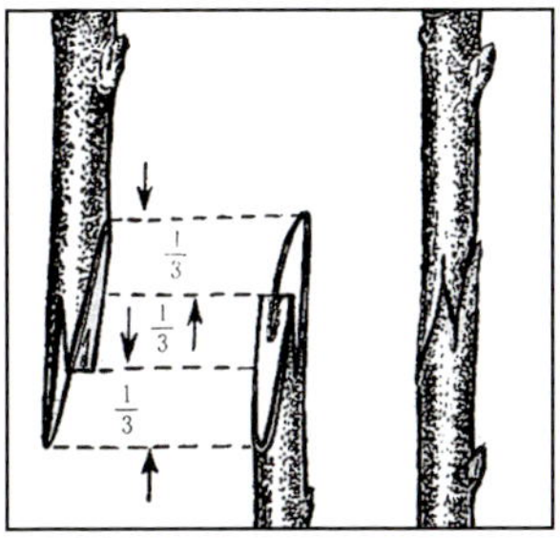

短舌接

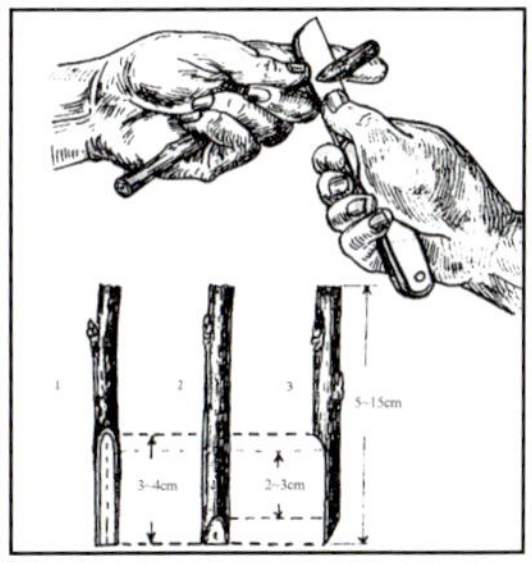

削穗

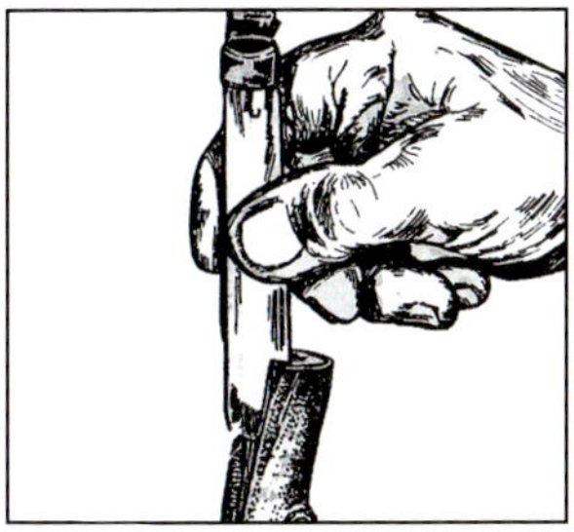

挑开切口上部左右的皮

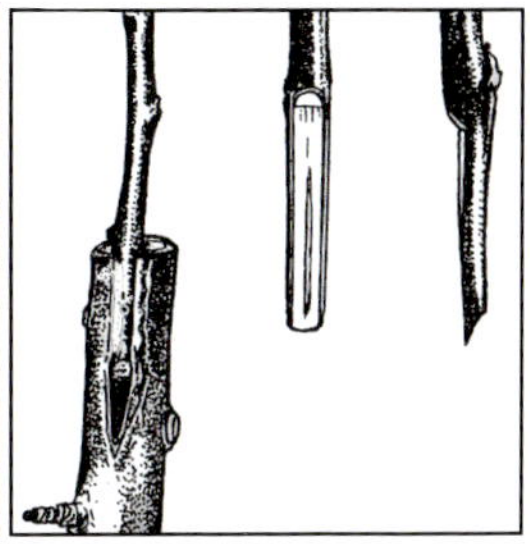

接穗形状与插穗

高；2年生次之；3年生最低。但在技术熟练、不影响嫁接成活率的前提下，亦可选用4～5年生枝条，有利于提早结种。为了防止失水，嫩枝穗条采集后，应立即去掉叶片，仅留叶柄，并把穗条的基部放入水中。种用银杏，虽然要采集雌株穗条，但也应有采集部分雄株穗条，培育部分雄株嫁接苗，以利将来配置授粉树种。穗条的采集时间，最好在发芽前10～20天，或结合春季修剪进行。

贮藏保鲜　冬季穗条采回后，应将穗条按品种分开理顺，每50根或100根绑成一捆，下端对齐后，用地膜包扎，防止失水。再置于5℃以下低温湿沙层积贮藏。河沙湿度以手捏成团，手松散开为好。贮藏时，先在底层铺上一层10～15cm厚的干净河沙，再在上面放一层成捆的接穗，然后再铺一层河沙，再放一层接穗，最后再盖一层河沙，并用薄膜封好。数量不多时，室内可用箱藏或缸藏。数量过多时，可在室外挖窖贮藏。如需长途运输，可用木箱充苔鲜或湿锯末屑保湿。短期贮藏，最好吊在井下水面上（不要浸水），可保一周内无恙。冬藏的接穗，次年春季取出时，如果有失水现象，可在嫁接前用清水浸泡12～24小时，田间嫁接时，则应放在脸盆或水桶内，盖上湿布，随取随用。

2. 砧木准备

银杏嫁接属于本砧嫁接。用于嫁接的砧木，一要生长健壮，适应性强；二要留床苗，移植苗当年不宜嫁接；三要嫁接部位粗度适合，直径需大于1cm。

3. 嫁接时期

银杏嫁接，春、秋二季均可。春季以枝接为主，清明前后成活率最高，但2月中旬至4月中旬亦可。秋季以芽接为主，多在8月上旬至9月下旬进行。

4. 嫁接方法

劈接 适用于较粗的砧木（嫁接部位直径大于1cm）。首先要选取一根2～3个饱满芽的穗条，在下端芽子的两侧各削成约3cm的斜面，呈楔形（上宽下窄，外厚内薄），削面要斜度适中，平整光滑，保持清洁，顶上一芽要留在外侧，并从它的上方0.5cm处剪断。然后从离地面10～20cm处剪断砧木，削平剪口面，用劈接刀从砧木断面的中间垂直纵劈一刀，深约4cm，然后撬开劈口，插入接穗，使接穗和砧木的形成层对准，接穗削面上部露出0.2～0.3cm，即“下蹬空，上露白”，有利于砧穗愈合，再用薄膜包严绑紧即可。

切接 嫁接部位直径1cm以上。先从离地面5～10cm处剪砧，削平剪口面，后选树皮光滑一面，用切接刀垂直切开砧木（稍带木质部，不能只切开树皮），切开的深度约3cm。为了便于包扎，可以先去掉切开皮部上端的2/3，再削接穗。第一刀在接穗下端光滑处削一3cm长的斜削面，先按30°角斜面处下刀，削至接穗粗度的1/3处再垂直平削；第二刀在长削面反面的末端削一长约1cm的短削面，斜面角为60°；第三刀从接穗顶端一芽（一般保留1～2芽）上方约1cm处剪断。然后将接穗插入砧木，长削面靠里，短削面靠外，接穗与砧木皮对皮，木对木，（粗细不一，只对准一边），最后用薄膜带包严绑紧。

插皮接 亦称皮下接，适用于较粗砧木（嫁接部位直径大于3cm）。具体作法是：先剪断砧木，削好接穗（与切接法相同），再用刀垂直向下划开砧木的树皮，长约3cm，然后将接穗从韧皮部与木质部之间插入，用薄膜带包严绑紧即可。

“T”字形芽接 左手拿稳接穗，右手持芽接刀，先从芽子上方0.5cm处横切一刀，深达木质部，再从芽子下方1cm处入刀，并由浅入深迅速向上推削，直至横切的刀口，轻轻取下芽片，放入湿布中。再在砧木离地面5cm的位置，选光滑处切一“T”字形（深达木质部，但不要切入木质部），纵切的一刀长约2cm，撬开皮层后，插入芽片，并使芽尖居中，慢慢往下推进，直到芽片全部进入砧木的切口为止，然后用薄膜带上下包严，中部勒紧，仅露出芽和叶柄。

方块贴芽接 方法是：先从1～3年生接穗上选芽，在接芽的上下1cm处分别横切一刀，深达木质部。再在芽子的两侧0.5cm处分别纵切一刀，深达木质部。然后在砧木的嫁接部位选择和接芽大小相同的芽片，用同样的方法将芽片取下（注意保护芽轴）。再将接芽从接穗上轻轻取下，贴在砧木的芽轴上，使接芽的凹面对准砧木的芽轴，并使切口对齐。然后用薄膜带包严扎紧。

无论采用什么嫁接方法，“平、准、严、紧、快”这五个字是技术要领。“平”是削平，砧木和接穗的切口，要削得平整光滑。“准”是对准，砧木和接穗的形成层一定要对准（皮对皮，木对木）。“严”是包扎要严，以免接口处日晒雨淋。“紧”是绑紧，使砧木接穗贴紧。“快”是手快，要求嫁接时动作快，技术熟练。

5. 接后管理

嫁接苗的管理，主要有以下几个方面：一是检查成活率。芽接7～10天后应检查芽片和叶柄，芽片是绿的，叶柄是黄绿色，说明成活。反之，芽片枯黑，叶柄干枯不落，说明需要补接。对于枝接的苗木，如果接口已经愈合，芽子正常萌发，说明已经成活。如果接口没有愈合，接穗已经干枯，说明需要补接。二是解除包扎物。嫁接苗成活后要适时松绑，以免出现："卡脖"或"蜂腰"，影响苗木正常生长。但不能解除过早，以免风折。春季枝接的，可于8月份松绑；秋季芽接的，可在第二年春天松绑。三是剪砧除萌。银杏苗木枝接大多在主干上进行，不存在剪砧问题。春季芽接，成活后就应剪砧，以利接芽当年萌发抽梢。秋季芽接，剪砧可到第二年春季萌芽前进行，应在接芽上方0.5cm处下剪，不能平剪，应剪成45°斜面，背向接芽，以免雨水渗入芽眼。为了促进接芽的生长发育，应及时除去砧木上的萌芽。银杏砧木上的隐芽，经嫁接刺激后，来势很猛，一定要除干抹净。四是设立支架。对于芽接、插皮接萌发的新梢，由于愈伤组织不很牢固，易遭风折，故在新梢长出10cm以上时应及时设立支架，待结合部位牢固后再拆除支架。

扦插苗的培育

扦插育苗可以节省种子，降低育苗成本，加快苗木生产速度和保持品种的优良特性。根据生长季节和枝条木质化程度，又分为硬枝扦插和嫩枝扦插两种。其技术要点是：

1. 插穗选取。选择幼龄树冠中、上部一年生枝条，剪成长10～15cm的插条，上端截成平面，下端削成马耳形。银杏插穗生根属愈合组织生根类型，截口先形成愈合组织，新根就从愈合组织中产生。嫩枝扦插时应选带有半木质化的当年生枝条，随采随插。

2. 药液处理。削好的插穗每50根一捆，用50mg/kg α-萘乙酸浸泡下端一昼夜，或用100mg/kg的ABT药液浸泡1小时，方可扦插。用清水浸泡者需二三个月才能生出新根。

3. 扦插方法和时期。硬枝扦插3月下旬为宜。嫩枝扦插可于7月中、下旬进行，随采随插，在整好的苗床上，先喷洒5%高锰酸钾液，作土壤消毒，再用木棒打孔，株行距10cm×30cm，将插穗的1/2或1/3插入土壤中，上留1～2个芽，随即压实，使土壤与插穗密接，并用小锄在行间扒土，压在插条的基部，浇一次透水，待水渗下后轻轻松土保墒。

4. 插后管理。首先，插后的最初一个月，每天早、晚都要喷水，使土壤含水量保持在近饱和状态。大约每次每平方米床面喷水5kg左右，以后喷水次数和喷水量逐渐减少。其次，搭设荫棚，透光度为全光的30%～40%。第三，插后一个月方可生出新根，扎根前尽量少松土、除草，避免损伤幼嫩的根系。第四，春季扦插时应在床面覆盖地膜，膜内温度保持在20～25℃，超过30℃时，应揭膜降温，膜内空气相对湿度控制在85%～95%，待大部分插穗生出新根后，方可揭膜。

根蘖苗的培育

银杏的根蘖力非常强，特别是壮年树。根蘖苗能保持母树的优良特性。节约投资与土地，同时苗木生长快，结种亦早。20年生的植株，年可蘖生40～50株小苗。

1. 母树选择。在准备育苗的前一年，进行银杏树的普查与选优，对根蘖力强的树挂牌登记，然后以树干为圆心，以2～3m为半径的范围内，深翻30～40cm，亩施土杂肥3 000kg。深翻时勿伤原有的根蘖苗。若根蘖过多时，应及早选留生长粗壮者，铲除细弱者，使养分集中供应。

2. 分根。根蘖苗一般在母体上生长一年，即可分根。分根时用利刀从母体的萌蘖处切断。取出的根蘖苗多呈丛状，为提高利用率，可用剪刀从丛状连接处分离成单株，并保留一段根块。

3. 根部修剪、刻伤。一般根蘖苗根系不完善，主根长，侧根、须根少。对主根可留15～20cm长，尽量多保留侧根和须根。对于粗壮无须根的苗木，可用剪刀在根部刻伤，以刺激萌发新根。

4. 栽植。根蘖苗分化现象严重，除按一般造林技术要求外，栽前应按粗细、高矮、强弱严格分级，以求苗木整齐一致。

5. 归圃再育。对不能直接用于栽植的弱小根蘖苗，可栽植于苗圃，每亩栽5 000～6 000株。苗期管理同种子育苗，一般培育二年后即可出圃，生长旺盛者一年也可出圃。

银杏栽培模式及管理技术

银杏矮密早丰产园

安陆市银杏矮密早丰产园模式有效地解决银杏挂果期晚的问题，使银杏挂果期提前10～15年。

1. 建园方式。包沟2m开厢，厢沟宽0.3m，每亩定植56株，株行距为3m×4m，亦可在土壤肥沃的平畈区，每亩定植74株，株行距3m×3m，或每亩定植111株，株行距2m×3m。无论哪种株行距，均应按50∶1配置雄树。实生苗高位嫁接后3年挂果，嫁接苗3年挂果，8年丰产。

2. 栽植要求。（1）整地标准。丘岗地抽槽整地，按模式要求放线抽槽，槽子标准为“一米深，一米宽，一线直，两头穿”，确保槽内不积水。平畈砂壤土采用全垦整地，深翻0.3m，然后按设计整厢放线挖穴。穴的标准为1m×1m×1m，结合整地，施足底肥。抽槽整地每亩回填家自然肥1 000kg，回填时先填表土后填底土。栽苗时按株距挖穴，每穴施磷肥、饼肥各0.5kg，或生物复合混肥1.5kg。全垦整地每穴施家园肥（窑粪）50kg，磷肥、饼肥各0.5kg。施肥后整地作垄。（2）苗木

银杏矮密早丰产园（易家镜 摄）

规格。苗高1.5m以上的3～4年生嫁接苗。（3）栽植时间。11月初至春节前栽完为宜，栽后浇足定根水，培土扶正压实。

3. 栽后管理。（1）水肥管理。定植当年追肥1次，第二年和第三年各追肥3次，以后每年追肥4～5次。第一年在萌芽前后（3月中旬），每株施尿素0.1～0.5kg（或用腐熟的人畜粪代替）。第二年从3月上旬开始每株施复合肥0.3kg。隔20～30天再追施同量的复合肥1次，10月份再施一次有机肥作基肥，每株施圈肥或土杂肥20～80kg，施入后用土覆盖。复合肥，宜采用环形沟施。沟深、宽各30～40cm，施入后用土覆盖。有机基肥要开深沟施入，沟宽60～80cm，深50～60cm，施入后覆土。第三年以后银杏开始挂果需肥量较大，每产1kg白果，要消耗自身的4倍营养。就短种枝来说，每个短枝可开雌花3～5朵，可结种6～10粒，每粒种实需要有40片以上叶子供应养分。因此，要加强水肥管理，每年追肥不能少于4次。第一次在3月上旬，这时即将萌芽展叶，为长叶肥。第二次在4月下旬，正值银杏坐种，为结种肥。第三次在7月上旬，正处于银杏枝条粗生长的速生期，为壮枝肥。第四次在10月下旬，白果均已采收，正处于根系生长的第二次高峰，名曰谢种肥。第一次以氮肥为主，每株施尿素0.5～1.5kg。第二次施复合肥，每株2～4kg。第三次，以磷肥为主，每株施肥3～5kg。第四次结合整地亩施土杂肥3 000～5 000kg。此外，在银杏生长期可用0.3%～0.5%的尿素或磷酸二氢钾进行叶面喷肥5～6次，省工省肥效果好。叶面喷肥宜在阴天进行，向叶背喷洒为好。（2）整形修剪。银杏幼树以整形为主，修剪为辅。幼树修剪主要是处理竞争枝，处置辅养枝和配备结种枝组。剪口下的第2芽有时形成与延伸枝竞争的枝条，应及时处理，一般以夏季摘心或扭梢为好，也可以在冬季予以重剪。如有空处，亦可拉开竞争枝，为延伸枝让路。银杏幼树，除骨干（一、二级枝条）外，可统称为辅养枝，一般以缓放为主，并压低它们的枝头，以免干扰树形。当辅养枝过密时，应适当修剪。所谓结种枝组，是银杏开始结种后，一个有分枝的枝条，上面有短种枝，也有长枝。结种枝应从幼树开始配备，原则上是大枝、中枝、小枝相结合，下大上小、下密上稀，枝组之间的距离保持30～50cm。通过整形逐步把树形培育成圆柱形或三挺身形。银杏成年树的修剪，既不复杂，修剪量也不大。对于骨干枝的延伸枝，视其空间大小，决定是否短剪。有延伸空间的就剪，使之继续扩大树冠；没有延伸空间的，则可放缩交替，使树冠保持一定的大小，稳定树势。对于结种枝组，要适时地回缩更新，最好是小更新，勤更新。枝组内要保持一定数量的营养枝，并对它们进行适当修剪。3～15年生基枝的短种枝结种能力最强，故枝组更新不应超过15年。（3）促花保种。由于银杏枝梢的高生长期不过70天，粗生长速生期也只有60天，营养生长与生殖生长，叶片生长与花种生长处于不平衡状态，银杏幼树就难以成花结种。实践证明，倒贴皮是幼树促花的一项有效措施，应大力推广应用。银杏雌花授粉受精不良，难以坐种，是银杏稳产高产的又一制约因素。经解剖发现，6月下旬和7月上旬的一次落种，大多数雌配子体是空的，这说明与没有受粉有关。硼可以促进花粉萌发和花粉管延伸，应在开花前喷1%的硼酸，盛花期喷0.1%～0.3%的硼酸，或在盛花期和盛花后期各喷一次0.25%～0.5%的硼砂（与同浓度的石灰水混合），效果也很好。在雄花资源不足的情况下，要实行人工授粉，这是防止落花落种，提高白果产量的关键。

银杏采叶园

1. 建园方式。选择地形开阔，地势平坦，土壤深厚，地力肥沃的微酸性砂壤土或壤土，地下水位在1m以下，水源充足，能灌能排，交通方便的地方建园。采用双行带状（即宽窄行）栽植，宽行1～1.2m，窄行0.6～0.8m，株距0.3～0.4m，每亩定植1666～2780株。

2. 栽植要求。（1）整地标准。如果是土层深厚的砂壤土，可撒足底肥后用拖拉机全层深翻。深翻深度20～30cm，每亩施2 000～4 000kg家园肥+50kg碳铵+25kg磷肥。如果是壤土，深翻改土可按栽植带开沟，沟宽1m，深40～50cm，沟内施家自然肥，每米施家自然肥10～15kg。（2）苗木规格。定植苗木应选用 1～3年生实生壮苗。（3）栽植时间。11月到春节前栽完。

3. 栽后管理。（1）施肥。叶用银杏要求多产高质量的叶子。据研究，新梢上叶片的含黄酮量比短枝叶片的含黄酮量高。所以叶用银杏要勤施肥，让其多长梢。一般应抓好三次施肥。即：秋施基肥，以有机肥为主，适当辅以化肥。秋施基肥当年就可以吸收一部分贮藏于树体之内，供下年早春萌芽展叶之用，使其萌芽早、整齐，展叶快，叶片大，发梢快。施肥方法采用条状沟施，条沟开在两带之间或树带两旁，深、宽各30～40cm。每亩施家园肥3 000～4 000kg，过磷酸钙200kg，硫酸

银杏采叶园 （易家镜 摄）

铵30kg。亦可施多元复合肥或叶用银杏专用肥，每亩施150～200kg。春施萌芽肥，3月上中旬条状浅沟施一次尿素，每亩施30kg。夏施梢叶肥，于新梢迅速生长之前（4月上旬），每亩条状沟施入30～40kg尿素。此外，5～8月，每月喷一次多元有机复合肥，如博力398（BL-398）活性有机腐殖酸液肥（含有机腐殖酸钠、腐殖酸钾、黄腐酸、胡敏酸、氮、磷、钾、钙、镁、锌、铁、锰、铜、钼、硫、硼等几十种元素和十多种可被植物吸收的氨基酸）。（2）灌水与排水。灌水：春季正值萌芽、展叶，新梢和叶片生长时期，需要大量养分和水分，如果水分不足，施的肥不能被吸收。3～6月份，需灌水6～8次。冬初还要灌一次冻水，提高树体的越冬性，伏秋干旱时，需要及时灌水，否则高温干旱致使叶片发黄和焦边，影响叶子的产量与质量。叶用银杏灌水可用细流沟灌或喷灌，渗透深度40～50cm。排水：叶用银叶园大多地势平坦，雨季应注意开沟排渍。否则，根系窒息，削弱树势，严重者导致烂根，造成整株死亡。（3）土壤管理。每年秋季，结合施基肥进行行间深翻，以利熟化土壤和透气。（4）整形修剪。银杏采叶园，必须用整形修剪的办法将树冠高大的银杏树种人为制矮，便于采叶。银杏采叶园宜采用丛状形、扁柱形或伞字形树形。①丛状形的整形修剪：定植后要定干修剪，定干高度20～30cm。当年发出的枝（包括根茎萌蘖）全部保留。第一年冬季修剪时，疏去中心枝，其余的枝轻短截，任其发枝。第二、三年冬季修剪时，各主枝处长枝继续短截；其余的枝一律重短截，使全树发出较多的壮梢，以后冬季修剪时，对各长枝一律留1～2个饱满芽重短截；对过密的枝，适当疏剪，并注意均衡各主枝生长势，对势强的适当多疏剪。

银杏材用园

使树体结构达到低主干（10～20cm）或无主干，无中心干，多主枝（3～6个），主枝上配小枝组。树高控制在1.8～2m。②扁柱形的整形修剪：栽植后定干修剪，定干高度30～40cm，当年可发2～6个长枝。第一次冬季修剪时，选两个伸向行间的长枝作为第一层的主枝，两主枝的平面夹角约180°，其剪留长度30～40cm；中心干的延长枝，剪短长度50cm左右；其余的长枝留3～4个芽重短截。第二年冬季修剪时，对第一层的长枝一律留2～4芽短截；中心干的延长枝剪留40～50cm；在第二层的长枝中，选两个伸向行间但不与第一层主枝重叠的长枝，作为主枝，剪留长度30～40cm；其余的留3～4芽短截。第三年冬季修剪时剪中心干延长枝；在第三层的长枝中，选留两个伸向行间而又不与第二层主枝重叠的长枝，作为第三层的主枝，剪留长度30～40cm；其余的长枝，包括第一、二层的长枝，以及层间由短枝转化成的长枝，全部留2～3芽短截。以后历年冬季修剪时，对全树的长枝，除过密的长枝适当剪外，全部留1～2个饱满芽重短截。修剪时应注意除去基部的萌蘖苗。使树体结构达到主干高20～30cm，有3层中心干，小型主枝伸向行间，主枝上着生小枝组，树高2m左右。③伞字形的整形修剪：除第三年开始对中心干延长枝重短截之外，其他用扁柱形的整形修剪方法修剪。

银杏材用园

速生材用园模式是一种把银杏作为速生用材树种经营的模式。这是个很有生命力的模式。

1. 建园方式。选择地势平坦、排灌方便的砂壤土或壤土建园。要求土层厚度在1m以上，地下水位在1.5m以下，pH值在6.5～7.5之间，株行距可采用1.5m×2m、2m×2m和2m×3m。每亩分别定植222株，166株和111株。

2. 栽植要求。（1）整地标准。采用抽槽整地和全垦加大穴。抽槽整地要做到“一米深，一米宽，一线直，两头穿”。全垦要做到普遍深翻20cm，再按株行距挖1m×1m×1m的大穴。结合整地，施足底肥。每亩施猪牛栏粪6m^3、碳铵、磷肥、饼肥各50kg。（2）苗木规格。苗龄3～5年生实生苗，苗高1.5m以上，胸径不小于1.5cm，顶芽充实饱满，顶端优势明显，顶梢充分木质化，根系完整发达，无病虫害，无机械损伤。（3）栽植时间。11月至春节前栽植为最佳。

3. 幼林抚育。幼林抚育是造林成活后至林木郁闭前所采取的营林技术措施，包括松土、除草、适时追肥、整枝修剪、以耕代抚等。松土除草，每年 1～2次，第一次5月下旬，第二次8月中旬，连续进行5～6年。松土深度10～15cm，要求不伤幼树，做到盘（指树盘，下同）内浅，盘外深，前期浅，后期深，杂草除尽，林地卫生。适时追肥，每年3次，第一次4月上旬，第二次5月下旬，以速效优质肥料为主。在松土除草后追复合肥，每亩施10kg，环状沟施。第三次是10月上旬，结合深翻施入有机肥，如堆肥、厩肥、绿肥等。由于有机肥能改善土壤的理化性质，增强土壤的通透性，提高土壤的保水保肥能力，故对于质地黏重的土壤尤为重要。整枝修剪主要是剪除与中干延长枝竞争的枝条，保证树干通直。修枝强度不应超过树高的1/3。以耕代抚，主要是间作矮秆的豆科作物，或套种绿肥，培养地力。

4. 间伐。对用材林实行间伐的主要目的是，调节林分密度，增加单位面积上的木材出材量，提高产材质量和材种规格，缩短林木的轮伐期。集约经营度较高的人工速生丰产林，大体可分为3个阶段，即个体生长阶段，幼林郁闭阶段和自然稀疏阶段。一般地说，幼林郁闭后，林木的枝叶互相衔接，相互之间开始出现对阳光、水分和养分的竞争，并逐渐出现自然整枝现象，林下植被逐渐减少，及至大部分消亡。这就说明，林分密度已成为主要矛盾，应该考虑进行抚育间伐。以后，随着郁闭度逐渐加大。林木之间的个体竞争日益激化，被压木明显枯萎，于是产生自然稀疏。自然稀疏是林分的自我调节手段，说明林分密度过大。在这个阶段，需要根据经营目的进行2～3次间伐。由于银杏材用园系集约经营程度很高的人工营造的单一速生丰产林、林木分化不会十分激烈。因此，可以原则上采用简单方便的机械间伐。在立地条件中等的情况下，为了培育大径材，第一次间伐后每年还应全面垦复一次，每亩追施复合肥10kg，连续进行3～4年。材用银杏的轮伐期需要50～60年，但在园艺栽培集约经营的条件下，材用银杏的生长量可以大幅度增长，主伐年龄可望提早15～20年。

银杏苗叶果园

苗叶果园模式是集采叶、培植大苗和结果为一体高效益的优化银杏园模式，适宜于土壤深厚、肥沃，排水灌水方便，立地条件好的地方栽植，以砂壤土类最好。

银杏叶果园

生长。第一年冬季修剪时，在各接穗上部发出的枝中选角度为45°～60°的枝作为各主枝的延长枝。延长枝剪留40cm左右。如延长枝上有分枝（副梢），剪留长度可以加长，分枝便可作侧枝。以后各主枝每1～2年选留一个侧枝。其余的枝作为辅养枝和枝组修剪。（3）高位嫁接。若作果用树是实生苗时，可采用主干高接或树冠高接。①主干高接。一般从干高的1.5～1.8m进行主干嫁接。按干高要求，根据嫁接部位的粗度和嫁接时期，选用芽接或枝接，如果嫁接部位干径1～2cm，可以在秋季芽接，接1～4个芽，其中最上一个芽用来培养中心干，另外3个芽用来培养主枝，并注意嫁接的方位，以利于今后长成较理想的树形。如果嫁接部位的干径在3cm以上，最好在春季枝接，接2～4个接穗。②树冠高接。依原有树冠的骨架进行多头高接。接留的枝桩长10～15cm，嫁接部位粗度不足3cm的可在秋季芽接，粗度大于3cm的在春季枝接。整个树冠最好一次换完。春季枝接的，在嫁接之前先整理树冠，将各级枝条依主从关系相应锯短，然后从上到下嫁接。3～5年生树接5～10个枝头，6～10年生树接15～40个枝头。随树龄增大，嫁接枝头增多。

银杏叶果园

叶、果园模式是集采叶与结果为一体的长短相结合栽植模式。

1. 建园方式。包沟厢面宽2m，厢沟宽0.3m。结果大苗定植株行距为5m × 6m，亩栽22株，采叶小苗株行距为0.6m × 0.6m，每亩栽植1650株。每厢栽一年生小苗3行，每隔两厢在第三厢中间一行定植结果大苗。

2. 栽植要求。（1）整地标准。园地应选在肥沃的砂壤土或壤土排灌方便的地

银杏乔干稀植园

方。全垦深翻0.3m整地。结合整地，施足底肥。每亩施有机肥（猪牛栏粪）6m^3，磷肥、饼肥各50kg。确保肥足，厢平土细。（2）苗木规格。定植苗高1.5m以上结果大苗；定植采叶用苗高15～20cm的1年生小苗。（3）栽植时间。11月至春节前栽完。苗木按要求栽植后，应及时浇足定根水，培土扶苗压实，清好厢沟、中沟、围沟；厢沟深0.3m，围沟深0.5m。

3. 栽后管理。同苗叶果园管理。

银杏乔干稀植园

1. 建园方式。包沟厢宽6m，厢沟宽0.3m，株行距5m×6m，每亩定植22株，间作瓜菜、豆类、花生、绿肥等矮杆作物，或套作桃、李、梨等。每厢在正中间定植果用银杏，厢两边开沟排水，厢面间作或套作规定的短期作物。

2. 栽植要求。（1）整地标准。既可采用抽槽整地，也可挖大穴整地。结合整地，施足底肥，每穴施有机肥50kg，磷肥、饼肥各0.5kg。（2）苗木规格。定植苗高1.5m以上粗壮的结果大苗。（3）栽植时间。11月初至第二年2月初。苗木栽后要浇足定根水，培土扶苗压实。一般5～6年树冠形成后，实行高位嫁接。嫁接3年后开始挂果。

3. 栽后管理。（1）树体整形。银杏是高大乔木，从树体结构上来看，要有明显的中心干，干高在2～2.5m，着生6～7个主枝，第一层3～4个，从第一层主枝向上0.7～1m选配第二层1～2个主枝，再从第二层主枝向上1m选配第三层1～2个主枝，以后中心干开心，嫁接雄枝任其生长。第一层主枝方位角要摆布均匀，开张角

农户庭院银杏园

度在60°以上，上下层主枝之间要插空选留，不得重叠，下层主枝的生长势要大于上层主枝，根据主枝大小选留2～3个侧枝，侧枝间距0.7m以上。这种树形的特点是主枝多，分层着生，树冠大，通风透光条件好，内膛枝不易枯死，树体寿命长，结种部位多，产量高。但整形规格要求严格，主枝分层选留，需2～3年的时间，方能完成一层。（2）分层高位嫁接。具体操作同苗叶果园的高位嫁接方法。（3）适时适量间套作矮秆农作物。

庭院银杏园

庭院是指城乡居民、工厂、机关、学校房屋前后的院落及其周边成块的隙地。

1. 庭院银杏的栽植。片植和散植并举，或矮密早丰产园，或乔干稀植园，或单株高产树。同时按雌雄比25:1配置雄株。不足25株的也配1株雄树。栽植要求同前。即使是散植的也要精心规划设计。

2. 庭院银杏的目的。一为绿化，二为收种核。其管理与核用银杏园的管理大同小异。不同之处，一是栽后树干绑刺或围栏，以免人畜伤树；二是定干宜高，干高应在2.5m以上，以利人行和立体种养；三是分散栽植的雌株上应配接少量雄枝，接在树冠顶部的上风方向；四是不能在树干上钉钉挂物；五是不能在树干上拴牛、系羊，防其擦伤和啃坏树皮。

银杏行道树

1. 栽植方式。国道、省道及市、乡镇、村级公路，在公路两边各栽植一排以银杏为主的绿化树组，植树带与公路分开，即在公路两边排水沟以外设置植树带，植

银杏行道树

树带宽为：国道、省道为0.8～1m，市道0.6～0.8m。村组道路在2m宽以上，每条道路栽一排以银杏为主的绿化树组，林网在田间网格栽一排以银杏为主的绿化树组。每组配置品种、组合等在同一道路或林网应整齐划一。

2. 栽植要求。（1）整地标准。实行大穴整地，标准为1m×1m×1m，并施足底肥。（2）苗木规格。要求苗高3m以上、胸径2.5～3cm，根系发达的实生苗。为了避免肉质外种皮的污染，最好挑选雄性实生苗栽植。（3）栽植时间。11月5日至春节前。栽后浇足定根水，培土扶正压实。

3. 栽后管理。（1）幼树保护。为了防止行人或牲畜损坏新栽的银杏树，应在树干周围设护栏。（2）整形修剪。行道银杏树一般采用高干自然分层形或自然圆头形。如果上空有高压电线，可整成“Y”字形。干高保持4.5m以上，以利车辆通行。主干应逐年疏枝形成，但不能操之过急，使树头重脚轻而弯腰。除此，只疏剪或重短剪竞争枝。成年树只剪病虫枯枝和缩剪妨碍交通的下垂枝。高枝无需控制。（3）适时施肥。具体办法同叶果园。（4）保持清洁。打扫落叶落果（种），保持街道和路面的清洁。

银杏采穗园

营建良种采穗园，是为生产遗传品质优良的接穗或插穗而建立的银杏良种繁育场所，是实现银杏良种化的主要途径。营建良种采穗园的主要技术环节是：

1. 砧苗定植。包括园地选择、砧苗培育（或小苗移栽）、精细整地、施足底肥、定植密度和深穴浅栽。园地选择和砧苗培育参照实生苗培育方法。定植砧苗，

银杏采穗园（易家镜　摄）

以2～3年生银杏实生苗为宜。细致整地，采用全垦加大穴，在定植前一个季节进行。全垦不浅于25cm，大穴规格为70cm×70cm×70cm。如在晚秋定植，可利用小农闲进行整地。应结合整地施足底肥，每穴施腐熟土杂肥40kg，豆饼0.4kg，要求与表土拌匀后填入穴内，再用20kg人畜粪尿拌匀堆沤。定植密度，每亩74株，株行距3m×3m，品字形配置。深穴浅栽，切忌窝根。

2. 隔年嫁接。接穗品种以本地的优良定向品种为主，同时也应适当引进外地优良品种。头年晚秋定植的可在第二年秋季芽接，春季定植的可在翌年春季枝接。

3. 精心管理。主要是水肥管理和整形修剪。（1）水肥管理。加大水肥用量是银杏良种采穗圃管理的主要技术措施。定植第二年5～9月，每月每株开浅沟施复合肥0.05kg，7月份每株加施大粪水20kg。并结合松土除草，将杂草摊放在树盘内（不接触树干），既保持土壤湿润，又防止土壤板结，还可增加土壤有机质。第三年3月，每株施猪栏粪25kg，5月每株施尿素0.15kg，8～11月结合抗旱，每株施尿素0.15kg，11月每株开沟施土杂肥30kg，大粪水15kg，并在树盘上继续摊放铲除的杂草。第四年4月，于阴雨天每株施尿素0.15kg，6月份结合松土除草，每株施复合肥0.1kg，大粪水20kg。总之，追肥的原则是少吃多餐，除无机肥外，还应适当增加有机肥，5～6月雨水较多时，应注意排渍防涝。如遇秋旱，亦应适当补充水分。（2）整形修剪。定植当年，立杆扶持，防止偏冠。第二年萌动前，对生长健壮的幼树剪梢定干，对长势较弱的幼树仍放任生长，到秋季再打顶、疏枝和短截。通过疏枝，去掉冗长密集交叉的枝条。通过打顶和短截，促发长枝，增加发枝量，填补树冠空缺。再过两年，幼树树

银杏采粉园 （潘小平 摄）

冠已基本形成，对发枝方位不理想或开张角度太小的枝条，可用拉或撑加以校正，使主侧枝从属分明，分布均匀，力争6年内成形。采穗树丰产树形，一般采用开心形。

4. 穗条采收。穗条采收应由母树的生长发育情况而定，一般定植当年不剪条，第二年可结合修剪采集，三年即可正式生产。

5. 建立档案。建立采穗园技术档案，是科学管理的重要依据。因此，从采集的规划设计开始，包括实生苗的来源，良种母树的生长状况和各项经济指标，定植密度、配置方式、年度实施计划，技术管理措施，各个品种的物候期，每株的年采用穗量和采收时间，及各种图表，都要建立档案，安排专人记载和保管。

银杏采粉园

为了挂果银杏树稳产高产，有必要建立一定规模的雄性优良品种采粉园。

1. 建园方式。选择土层深厚、土质疏松、土壤肥沃、酸碱度中性的砂壤土，水源充足，能排能灌的地方建园。园地规模视建园单位根据市场需求的粉量而定。供应粉量小，园地面积三五百平方米足矣；供应粉量大，三五公顷不为多。按株行距3m×3m定植，每亩74株。

2. 栽植要求。（1）整地标准。采取全垦的方式整地，深度为20～30cm。结合整地，施足底肥。每亩施4 000～5 000kg农家肥，然后翻耕，翻耕深度20～30cm。（2）苗木规格。苗木既可是雄性嫁接苗，也可是先实生苗再嫁接雄枝（芽），所栽的苗都应根系发达，苗干粗壮。（3）栽植时间。11月到春节前栽完。

3. 栽后管理。（1）土壤管理。每年生长季节除草松土6～7次。每次下雨或灌

银杏与茶叶复合经营（易家镜 摄）

水之后，当土壤爽锄时及时松土，保持园地土壤疏松。新栽的头两年，在行间可以种植黄豆、花生等矮秆经济作物，给新栽的银杏创造一个良好的小环境，以利其成活和生长。同时豆科作物还可以给土壤留下一些根瘤菌，增加土壤中的氮素。（2）施肥。要获得大量优质花粉，必须肥当家。3～6月份，每月追施1次尿素，每次每亩30～40kg。7月追施1次复合肥，每亩60kg。10月施基肥翻耕，每亩施农家肥3 000～4 000kg。（3）灌水与排水。旱季要灌水，雨季要排水。（4）整形修剪。定植时是嫁接苗的，栽后应定干修剪，定干高度30～40cm，采用细圆柱或扁形树形。

银（杏）茶（叶）套作园

1. 栽植密度。茶园银杏的种植距离以12～15m为适宜（每亩3～5株）。

2. 栽植位置。为了作业方便，在茶行内挖大坑栽植。

3. 栽大实生苗。栽植高2m以上、胸径1.5cm以上的壮苗。

4. 茶园银杏树的管理。（1）肥水及土壤管理。随同茶园管理。（2）树体管理。干高保持2m以上，树冠任其自然开张。栽植5～7年后在实生幼树的1.7m处逐年分层高位嫁接，换成优良的核用品种。

散生银杏树及银杏大树的管理

四旁、林间隙地及凡是有土又不宜规范建园的地方，都可见缝插针栽植银杏。栽植要求和管理同乔干稀植园。

1. 土壤管理。土壤管理主要是根际培土、翻耕、除草和覆草。许多丘陵山区、农户庭院和风景名胜地古银杏，有的水土流失严重，有的被牲畜践踏，粗大的主根

银杏与花生等矮秆作物复合经营

银杏与金水梨复合经营（易家镜 摄）

露出地表，除防止人畜损坏外，应于秋季或春季结合施基肥进行根际培土。对散生的银杏大树在其裸露的根上培20～30cm厚的疏松肥沃土壤，并在冠下全层深翻，翻耕深度15cm左右。翻耕时应沿粗根伸展方向进行，尽量少伤根。在旅游胜地的古银杏，人为活动频繁，常造成地表板结，要经常松土。在每次灌水或下雨后，当墒情适宜（不干不湿，不粘锄）时及时松土、除草。无灌溉条件的银杏大树在干旱季节到来之前，在树冠下覆草或覆地膜保墒，覆草厚度15～20cm。到秋季结合施肥培土，将覆盖的杂草翻入土内当有机肥。

2. 施肥。（1）根际施肥。每年施3次。第一次于萌芽前，追施速效性氮肥，促进树体萌芽整齐，展叶迅速，发梢早而壮。环状或放射状浅沟施入，每株施尿素3～4kg。第二次在硬核前追施多元素复合肥，促进种子膨大和花芽分化，采用多穴深施，深度30～40cm，每株施复合肥6～8kg。第三次于采收后，深施基肥，以有机肥为主，配合适量磷肥和氮肥。每株施农家肥300～500kg，过磷酸钙8～10kg，硫酸铵2～3kg。采用放射状沟施或穴施，深度不少于40cm，肥与土要混合均匀。（2）叶面喷肥。根际施肥比较困难的，应积极推广叶面施肥。可用高压喷雾器于生长季节进行多次叶面喷肥。每隔20～30天喷1次，萌芽展叶期和新梢生长期喷0.3%～0.5%的尿素，花期、硬核期和生长后期，喷0.3%的磷酸二氢钾或喷多元有机复合肥博力398。（3）灌水与排水。干旱季节，一定要灌水。对于立地条件差，又无水源的散生银杏树，要人工挑水浇灌。

3. 树体管理。散生银杏大树的树体管理包括修剪、嫁接、支撑、围栏、涂白、安装避雷设备和病虫害防治等。（1）修剪。主要在冬季进行。对树干基部发生的萌蘖应彻底疏除。对树冠郁闭的应适当疏掉或回缩部分过密的大枝；交叉枝，使其一长一短；平行枝，使其上下或左右分开；重叠枝，一抬一压，使树冠内通风透光。锯斜生大枝时，先从下面起锯，锯至枝粗的1/3时，再从上面往下锯，避免劈裂。凡枯枝一律锯除，锯口、剪口要平，不能起皮，并及时涂上油漆或蜡，以防水分散发和病菌侵入，也有利于锯、剪口的愈合。（2）嫁接。有的古银杏受机械损伤或雷击，致使树干大范围损坏，可于春夏秋三季进行桥接。所谓桥接，即将接穗的上端插于伤疤上端好组织皮层与木质部之间，将接穗的下端插于伤疤下端好组织皮层与木质部之间。成活后则开通了上下水分和养分的输送渠道。也可利用树干基部的萌蘖条的上端插入伤疤上方好组织的形成层上。伤疤大的，桥接多根接穗更为有利。（3）支撑。当结种过多，或大雪压枝，或由于大枝自身因素易使大枝压断或劈裂时，应予以支撑。支撑的材料因地制宜，枝不大的，可用竹竿或木棒支撑；枝粗大的应用钢管或水泥杆支撑。（4）围箍。当古银杏主干有劈裂危险或劈裂现象时，应该用钢筋箍紧，以防止劈裂。（5）堵洞。对于空洞应用金属板或网罩钉封洞口，再用水泥沙浆涂抹在金属板或网罩上，再涂一层紫胶漆，防止雨水流进树洞内。（6）涂白。树干涂白可以缓和树干温度的剧变，减轻树干的伤害。在涂白剂中可适当加点农药，以利杀灭树皮缝中越冬的害虫和病菌。涂白剂的配制：生石灰50份，石硫合剂1份，食盐1份，动物油0.2份，水20份，调和均匀即成。（7）安装避雷针。对树体高大突出的古银杏树应安装避雷针。

4. 人工授粉。（1）人工授粉的必要性。银杏为雌雄异株植物。主要靠风媒传播授粉。雄树花粉虽能传播半径15km范围，但有效授粉距离却不足1km。若遇浓雾或低温阴雨天，便给授粉带来困难。王义贞镇银杏产区的果农总结的“银杏花期雾雨腾，白果一定减收成”，就是这个道理。另外，雄树前三天开放的花序，花粉质量较高，且花粉量大，后三天开放的多是梢部的花序，则质量差，花粉量少。花期遇干旱，气温偏高，雄花成熟快，开花期会稍提前。而雌花受干旱影响，开花偏晚，吐“性水”稍迟。若花期突然遇到低温，尚未开放的雌花则发育停滞，雌雄花期不同步的现象经常出现。总之银杏授粉不但受雌雄树本身条件制约，还要受多种气象因素的影响。采取人工辅助授粉，不但能弥补花粉量的不足，而且能战胜灾害性天气，延长授粉时间，提高授粉质量，确保白果稳定、高产。人工辅助授粉用工少、成本低、效益高，是一项重要的增产措施。（2）雄花粉的采集和处理。银杏花期短，且雌雄花期不同步，采集前要细心观察，切勿坐失良机。一般4月上旬，当日均气温达到16～18℃，雄花由青绿转为淡黄时，要及时采集。采集后处理办法有两种：①石灰干燥法：把采集到的雄花粉，剔除枝、叶、草及其他杂物，用纸包成50～100g的小包，放在盛有生石灰块的缸、罐或其他容器内（石灰块上盖一层厚纸）。然后把容器口扎紧，借助生石灰的吸湿作用，经2～3天，花药便自然开裂，散出花粉。②晾晒干燥法：将除去杂质的雄花序薄薄地摊在垫有白油光纸的簸箕或晒筐中（纸光面向上），再在花序上盖上白油光纸（光面向下），置于阳光下晒。每天翻动3～5次，一两天内花粉就能全部散出。无论采用哪种方法处理雄花粉，都要有专人看管。当花粉囊开放后散出花粉时，应立即用细筛子，除去花梗、枝条、叶片等杂物，取其花粉备用。一般4个鲜雄花序就有1g重，每1kg鲜雄花序可得花粉

20～30g。（3）人工授粉的方法。常用的人工授粉方法有3种，即挂花枝法、震花粉法和混合喷雾法。挂花枝法 将采集来的雄花枝，剪成25～30cm长的枝段，然后2～3枝交叉用细绳捆扎成一束，挂于雌树上风头或上层树冠。为延长花粉的生命力剪取含苞待放的雄花枝，插在装有水溶液（用0.2kg尿素，加49.8kg水，配制而成）或湿土的瓶、盆、塑料等容器中，再将容器挂在雌株上。此法比喷粉法简便易行，比震粉法延长两天授粉时间，授粉效果比较好，据实地观测，可提高坐种率90%以上。震花粉法 即把花粉装入纱布袋内，挂在竹竿顶端，选择微风天气，站在上风方向，轻轻拍打竹杆，使花粉均匀震落飞散。此法多用于幼树和矮化密植园。此种方法坐种率可提高1倍以上。混合喷雾法 将处理好的花粉1g对水5～10kg，用高压喷雾器均匀地喷到雌株树冠上。为了保持花粉的活力，可在花粉液中混入1%的砂糖或0.1%的硼酸。作业时选天气晴朗、微风的10：00后或16：00前喷洒，效果更好。

银杏盆景制作

银杏不仅是园林绿化的理想树种，而且也是制作盆景的好材料。

1. 准备桩木。银杏盆景的桩木，即制作银杏盆景的苗木，可以通过播种、扦插、嫁接等多种办法获得。只因用播种的实生苗制作成品的时间过长，园艺家们一般很少采用。而银杏大树下的根蘖苗和银杏钟乳枝，粗壮虬曲，形态各异，往往是园艺工作者的理想素材。银杏根蘖苗是制作银杏盆景的好材料，砍伐后遗留的老桩萌发的新枝，更是银杏盆景上等的桩景。选用的材料经修剪整理，于11月至第二年3月上盆。盆底先填入粗黏土，再填入培养土，其上留出12cm的水台。培养土可按1份酸土、1份砂土、8份壤土的比例混合制作。为了提高盆景作品艺术价值，桩木准备好后，可选择叶籽银杏或斑叶银杏的枝条作接穗，嫁接在桩木上。叶籽银杏有四分之一的种实生在叶片上，待嫁接3～5年结种后，桩景显得更加古朴优雅。斑叶银杏的叶片上镶嵌着一条条金黄色的彩带，扇形叶片随风飘摆时，亦会增加无限情趣。

2. 加工雏形。雏形是制作盆景的基础。加工雏形，方法是在桩木的生长季节采用各种棕法对枝干进行蟠扎，使其或曲或直，或斜或正，或俯或仰，按期制好伸展的方位。扎片时，如枝条过长，欲使其弯曲成螺旋状，则开始就需要用套棕法，把棕丝携在枝上。扎片后一棕套一棕，不剪断棕丝，谓之连棕。但不能拘泥于一种棕法，而应因桩而异，灵活地运用阳棕、撇棕、底棕、拌棕、手棕、吊棕、下棕、缝棕等各种棕法。因银杏叶片较大，蟠扎时需小心翼翼，切忌靠近桩头。否则，将影响桩头的美观而降低艺术价值。

3. 修剪造型。修剪是制作银杏盆景的主要技术之一。目的在于突出主干，充实观赏枝，表达各种不同意境，提高艺术价值，使其自然古朴、清秀淡雅。原则是剪去多余的侧枝、平行枝、交叉枝、过密枝、徒长枝和病枯枝。修剪的基本手法有三，即短剪、疏剪和缩剪。短剪 即将枝条剪短，刺激剪口下的侧芽萌发，形成较

杏林七贤 （安陆花协制作 易家镜 摄）

涢水唱晚（陈庭元制作 易家镜 摄）

山间独酙
（陈福康制作 易家镜 摄）

夕阳叠翠
（夏光清制作　易家镜 摄）

强的侧枝，同时有丛生倾向，便于造型，剪后常萌发二次芽，增加分枝级数。对主干进行修剪，是为了控制树体高度，促使侧枝发育。对侧枝进行短剪，是为了促使隐芽萌发。疏剪 即将枝条从基部剪去。主要对象是枯死枝、病虫枝以及不适宜造型的多余枝和过密枝，使留下的枝条得到充足的养分，生长健壮。缩剪 即将枝条一部分剪去。可使根蘖苗或实生苗株体缩小，有利成活；也可促使萌发新枝，使衰老的桩头恢复树势。

银杏种质资源园

引种和选种固然是获取良种的好方法，但同时又具有无法克服的局限性。随着选种工作的不断进行，其效果会越来越小。因此，更新换代性的良种将依赖于人为定向的遗传育种。作为人为定向育种的基因库的种质资源园就显得尤为重要。营建银杏种质资源园应把握以下主要环节：

1. 品种引进。从全国各银杏产区引进银杏不同品种，逐步建成全国银杏资源基因库。引进办法以引进种子育苗培育为宜，也可引进实生苗移栽。无论哪种办法，都应从引种时开始建立档案。

2. 园地选择。应选在交通方便、地势平坦、背风向阳、水源充足、排灌良好之处，土壤要是深厚、肥沃疏松的中性土、微酸性土壤。长期种水稻的土地质地黏重，排水不畅，很易发生渍害，应注意改善土壤结构和通气性。

3. 栽植要点。（1）营造防护林。为了防止灾害性季风，给种质资源银杏创造一个良好的生态环境，应在园的四周及大道上栽植防护林（杨、柳、槐等，最好不栽水杉，因为立枯病的中间寄主是水杉树），一般栽2～3行，行距3～4m，株距4m。（2）整地标准。采用全垦或抽槽整地。结合整地施足底肥，每亩施腐熟的厩肥和堆肥2 500～5 000kg，腐熟人粪500～1 000kg，饼肥100kg，然后耕翻平整土地，耙碎土块，清除杂草。（3）定植密度。按株行距3m×3m的标准定植，每亩74株。（4）苗木选择。选用叶片肥厚、根系完整、苗木顶芽饱满、植株无病虫的3年生实生苗。（5）栽植时间。11月至春节前栽植完。

4. 栽后管理。（1）施肥。一般每年需施肥3次以上，春季（3月中下旬），以速效氮肥为主，每亩施尿素或复合肥10～20kg，5～8月需进行根外追肥2～3次，用0.2%～0.3%的尿素液或磷酸二氢钾等。喷洒时间应选择阴天为好，要避开高温时刻，一般在10：00以前和16：00～17：00以后喷施为宜，切忌在中午高温时刻喷洒，因高温喷洒易使水分蒸发，肥液浓缩而发生肥害。喷洒时一定要喷洒均匀，使叶背气孔均衡吸收。秋季（10月中下旬），以有机肥为主。（2）灌溉与排水。一般3月份浇发芽水，4～5月浇长叶水，8～10月浇保芽水（一为防冻，二为来年发叶打基础），土壤中含水量超过90%时，或地下水位高过1m时，影响树体生长，要特别注意排涝降渍。（3）合理间作。在定植后的1～2年内，可间作花生、大豆等固氮矮秆作物，也可种植越冬蔬菜、蒜苗、蚕豆等。

银杏病虫害防治

银杏幼苗茎腐病

银杏幼苗茎腐病为银杏苗期常见病害，多危害1～2年生实生苗，特别是1年生小苗。苗木发病多在6～8月份。发病的主要原因是在炎热干旱的夏季，地温过高，致使幼苗茎基受伤，造成病菌入侵。发病症状是：病菌入侵后，幼苗根颈附近呈现紫红色，叶片稍微下垂，失去正常的绿色。随即染病部位上下扩展，茎基皮层微皱，内皮组织腐烂，叶片垂而不落，根部皮层腐烂。据观察，幼苗多在梅雨期后10～15天发病，直至9月中旬。

防治方法：①以预防为主，提前播种，精心管理，使幼苗在高温季节到来之前进入半木质化状态，提高抗病能力。②搭设荫棚，灌水抗旱，降低地温。③发病初期，可喷洒多菌灵（200倍液）、甲基托布津（500倍液）和硫酸亚铁（1%）等杀菌剂。

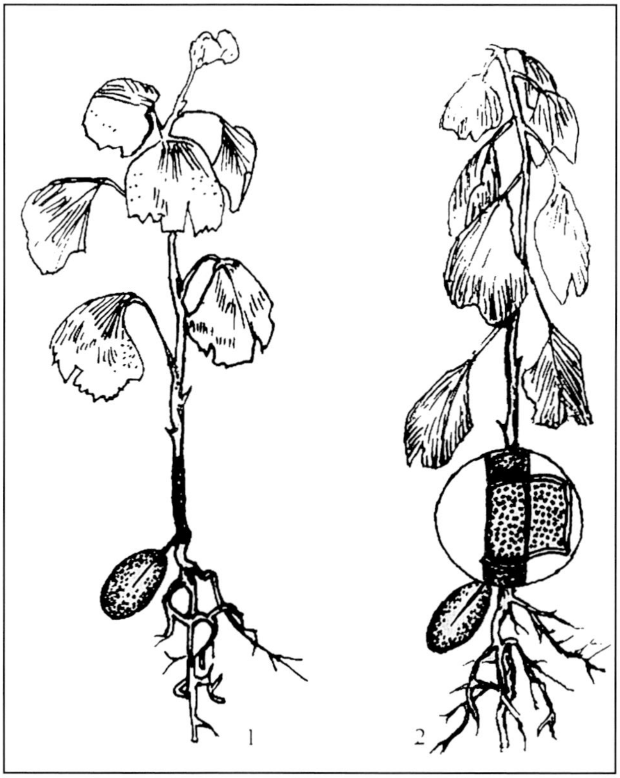

银杏苗茎腐病（仿董元）
1. 茎腐病症状
2. 病部皮下小菌核

银杏叶枯病

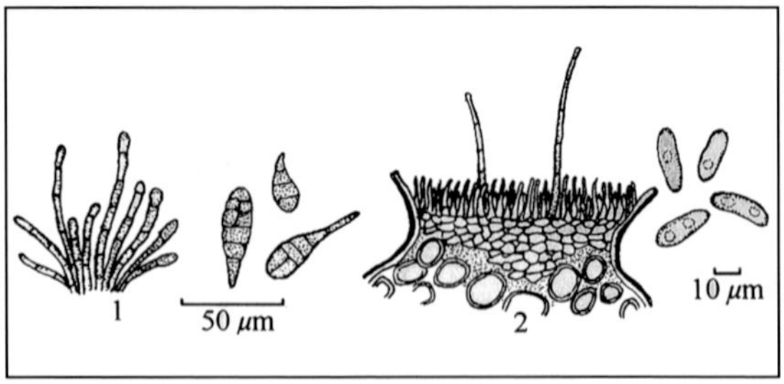

银杏叶枯病菌
1. 链格孢的孢子梗及分生孢子
2. 围小丛壳的无性世代：孢子盘及分生孢子

叶枯病是银杏的一种常见病害，无论苗木或大树，均可受害。

发病初期常见叶片先端变黄，至6月，黄色部位逐渐褐变坏死，并由局部扩展到整个叶缘，呈现褐色至红褐色的叶缘病斑。病斑逐渐向基部延伸，直至叶片全部变为褐色、灰褐色，枯焦脱落。7～8月，病斑与健康组织交界处还清晰明显，病斑外缘可见鲜黄色线带；9月后，由于病斑增大扩散，界限模糊不清。7月初，大树开始发病，8～9月染病指数直线上升，为发病高峰期，10月份逐渐停止。

防治方法：①加强管理，增强树势。②6月上旬至9月中旬，每隔20天喷一次40%多菌灵胶悬剂500倍液或90%疫霜灵粉剂1 000倍液。

白果霉烂病

白果霉烂病主要发生在白果贮藏期间。发病的症状是：霉烂的白果一般都有带酒气的霉味，在中种皮上生有黑绿色的霉层，霉层边缘分布有白色的菌丝。有霉层的白果多数变成褐色。切开中种皮，种仁内部一半或全部变成糊状，保持原状的不多。引起白果霉烂的真菌很多，经分离培养，主要是青霉菌类，这些菌类都是靠空气传播的腐生菌类。如果贮藏的白果含水量过高或空气湿度过大，就容易发病。由于这种真菌产生的黄曲霉素是一种有毒的致癌物质，所以，霉烂的白果不仅影响食用价值，降低播种的发芽率，而且对人畜也有危害。

防治办法：①贮藏室应事先消毒，室温0～4℃为宜。②贮藏前应将白果适当干燥，并剔除霉变的和破碎的白果。③湿沙催芽时，先将白果用0.5%的高锰酸钾溶液浸泡30分钟，然后用清水洗掉药液；同时，用40%甲醛10倍液喷洒干净河沙，30分钟后再摊开，让药味消失，再与白果混合。④贮藏的白果，要经常翻动，通风换气。

银杏超小卷叶蛾

1. 形态特征

成虫　翅展约12mm，全体黑褐色，头部淡灰褐色。前翅黑褐色，中部有深色印影纹，前缘自中部到顶角有7组较明显的白色沟状纹，后翅前缘色浅，外围褐色。

卵　扁平，椭圆形，表面光滑，乳白色，中间具红色不规则的环状纹，少数一端断缺或两端断缺而呈两条红色条状纹。

幼虫　老熟幼虫体长11～12mm，灰白或灰淡黄色。头部、前胸背板及臀板均黑褐色，有的色较浅呈黄褐色。各节背面有黑色毛斑2对，各节气门上线和下线各有

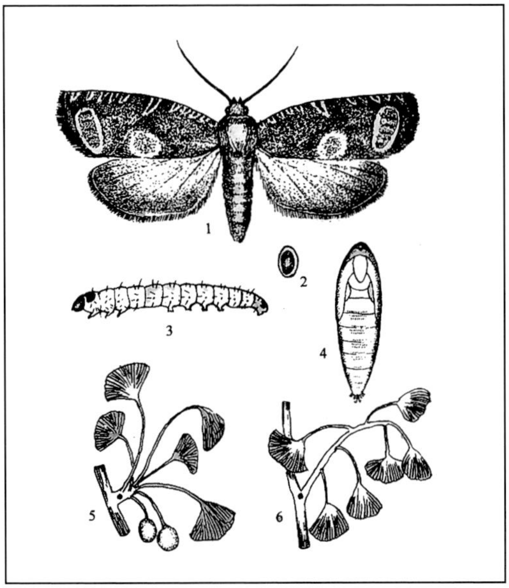

银杏超小卷蛾（仿张国忠）
1. 成虫　2. 卵　3. 幼虫　4. 蛹
5. 短枝被害状　6. 长枝被害状

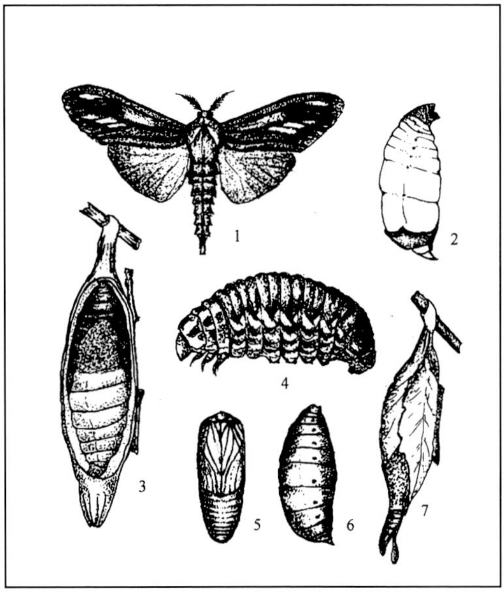

大蓑蛾（仿张培义）
1. 雄成虫　2. 雌成虫　3. 雌袋囊（示卵）
4. 幼虫　5、6. 蛹　7. 雄袋

黑色毛斑一个，臀节有刺5～7根。

蛹　长5～7mm，黄色，羽化前呈黑褐色，复眼黑色；腹部第一节光滑，第二节后缘有一列细刺，第三至六节除后缘有一列细刺外，前缘还有一列较粗的刺，第十节仅于后缘有特别粗大的刺一列，腹部末端有8根细弱臀棘在肛门周围排列成半环形。

2. 生活史及习性

一年一代，以蛹在树干下部皮缝中越冬。第二年3月中旬至4月中旬羽化。成虫羽化多集中在清晨6：00~8：00。羽化后，有双翅直立于背部的习性，约30分钟后，才爬到树干缝隙处栖息，易于捕捉。4月中旬至5月上旬在小枝上产卵，约4天后孵化为幼虫。初孵幼虫仅1.3mm，能吐丝织网，多潜伏于枝干和短枝顶端凹陷处取食。1～2天后，即蛀孔钻入枝内，一是从叶柄基部蛀入短枝，横向取食，二是从当年生长枝基部（或中部）钻孔向上端（或基部）蛀食。幼虫在枝内蛀食约25天，即转向枯叶卷叶静栖，停留14天左右，再爬向枝干，并于当日蛀入粗树皮或裂缝中作蛹室，以木屑及丝网封住洞口。直至11月中旬化蛹。幼虫危害盛期一般在4月下旬至5月上旬，6月上旬老熟幼虫即进入蛹室滞育。

3. 防治方法

①利用成虫集中羽化的习性，进行人工捕杀。②4月上、中旬，发现被害枝，即剪除烧毁。③3月中下旬，用涂白剂刷树干，可防止成虫羽化。涂白剂可用生石

灰5kg、敌敌畏乳剂100g、食盐1kg、清水19kg配制。④4月下旬（人工授粉后7～10天），用2.5%敌杀死乳油3 300倍液喷洒树冠，防治初孵幼虫，效果最佳。⑤成虫羽化盛期可用50%杀螟松乳油250倍液和2.5%溴氰菊酯乳油500倍液按1:1的比例混合，喷洒树干，毒杀刚羽化出来的成虫，效果明显。

大袋蛾

又名大蓑蛾、避债蛾，食叶害虫，繁殖量大，暴发性强。除银杏外，油茶、油桐、桃树、梨树、水杉、泡桐、刺槐、枫树、榆树等多种树木，深受其害。大发生时，幼虫不仅能吃光全部树叶，而且还能食嫩枝皮层及嫩种。

1. 形态特征

成虫 体中型雌雄异型。雄虫翅展35～44mm，体黑褐色。触角双栉状。端部1/3处栉齿渐小。前翅2A和1A脉在端部1/3处合并，2A脉在后缘有数条分支；M_2~M_3脉之间，R_4~R_5脉基部之间各有一透明斑。后翅S_C+R_1脉在前缘有几条分支，前翅2A脉和在后缘的分支相似，但在各个体间数目有差异；S_C+R与R_S脉间有一横脉。雌虫无翅，蛆形、肥胖、头小，口器退化，胸部发达，前胸背板先端向前突出，腹部7、8节有黄色茸毛。

卵 淡黄色，呈块状，产生于雌蛾护囊内。

幼虫 共5龄，3龄起，雌雄明显二型。雌虫体长32～37mm，头部赤褐色，头顶有环状斑，胸部背板骨化强；腹部背面黑褐色，各节表面具皱纹，亚背线、气门上线附近有大型赤褐色斑，呈深褐和淡黄相间的斑线。腹足趾钩呈环状。雄虫体较小，体色较淡，呈黄褐色。

蛹 雌蛹体长22～33mm，棕褐色。近圆筒形，胸部3节紧密愈合，腹部第2、4、5节背后端具一横列小刺突。雄蛹体细长，17～20mm，胸部略凸起，腹部稍弯，每节后端具一列小刺突。

2. 生活史及习性

一年一代，以老熟幼虫在袋内越冬。第二年5月上旬为羽化盛期，多在傍晚前后进行。雌蛾羽化后，留在袋内。待雄蛾飞来交配后，产卵于袋内。产卵后即从袋末落地而亡。6月上旬幼虫孵化，在袋滞留3～5天，才蜂涌爬出，靠风力和吐丝扩散蔓延。一遇新的寄主，便以丝和碎叶营囊护身。取食或迁移时均负囊活动。幼虫多聚集在树枝梢头，有明显趋光性。3龄幼虫即食叶穿孔。7～9月，幼虫老熟。食量大增，直到11月上旬越冬。

3. 防治方法

①秋冬摘除虫囊，集中烧毁。②6月上旬，用2.5%敌百虫粉剂或用50%的敌敌畏1 000倍液喷洒树木，毒杀1～3龄幼虫，效果显著。

银杏的采收与贮藏

种子的采收贮藏

1. 种实采收

银杏种实成熟，分形态成熟与生理成熟。形态成熟后，胚胎仍处于发育前期，必须经过一段时间的后熟，胚胎才发育成熟，具备发芽的能力。银杏种实的采收时间，主要依据是形态成熟，形态成熟的外部特征是：外种皮由青绿色变为橙黄色或青褐色，种实由硬变软，开始自然脱落。有的品种外被薄薄的一层白粉，圆形或椭圆形的淡黄色油胞清晰可见。采收时间是9月中旬至10月中旬，品种不同，前后不一。早熟品种，9月中旬；中熟品种，9月下旬；迟熟品种，10月上旬。

银杏种实的采收方法，有采摘法、摇击法和化学法三种。采摘法，即用人工或机械从树上采摘。摇击法，即摇摆树干树枝或由里往外（不能由外往里）打击树枝，使种实从树上落下，落在事先铺好的接种布上。此法应在种实完全成熟后进行，时间过早，种实不易击落，短枝和叶片又击落过多，既不利于翌年结实，又不利于养分回流，影响树体生长。化学法适用于加工用种核，成本低，效率

左上图：银杏采收 （易家镜 摄） 右上图：漂洗
左下图：脱外种皮 右下图：晾晒

高。目前，主要是喷乙烯利，浓度是1 000～1 500mg/kg。乙烯利的催熟药效一般发生在喷药后的11～12天，20天以内有效，在有效期内，每后延1天，落种率增加2.5%～27%，落种率呈直线上升，如先用乙烯利催熟，促使种梗松动，再配合人工或机械震动，效果更好，要使银杏种实于10月上旬全部自然脱落，可于9月20日左右喷药。银杏种实处理，包括脱皮、净种、漂白、干燥和分级。

脱皮 银杏种实采收后应尽快脱皮，以免发霉腐烂，通常采用的脱皮程序是：堆沤或水沤→外种皮软化腐熟→揉搓捣烂外种皮→水冲漂洗去杂。为了提高种核外观的商品价值，堆沤高度不宜超过60cm。由于外种皮含有大量碳水化合物，病菌极易滋生，故水冲漂洗时一定要干干净净，中种皮上不能残留外种皮的痕迹。同时，外种皮对人体皮肤的刺激作用极大，一般不要直接接触外种皮已经破裂的种实。

净种 可用风选、水选、筛选或粒选。对于枝叶、杂草、外种皮较多的种核，可用风选。对于石块、空粒、种梗、外种皮较多的种核，可进行水选或筛选。对于具有特殊用途的大粒种核，亦可粒选。

漂白 非种用白果，在出售之前应进行漂白。漂白方法，一是将0.5kg漂白粉，用5～6kg的温水化开，滤去渣子后，再加40～50kg清水稀释，这样可漂白种核100kg，白果倒入溶液后，立即搅拌，约5～6分钟后中种皮变白时即可捞出。捞出后，再用清水连续冲洗3～4次，直至中种皮没有药迹药味时为止。第一批白果捞出后，再加入0.5kg漂白粉，即可再漂白100kg白果。如此进行5～6次，再重新配置漂白溶液。漂白容器，宜用磁缸或水泥槽，忌用铁器。二是用硫磺熏蒸，即将经过净种的白果倒入缸内，数量以缸的2/3为宜再在中间点燃一酒盅硫磺，封闭缸口熏蒸。约30～40分钟后打开，白果既洁白，又有光泽。

干燥 作用是降低种子含水量，加速种实后熟进程，抑制或消灭害虫，便于运输或贮藏。由于银杏种核的安全含水量大于气干含水量，安全含水量不低于40%，故只能阴干，不能在阳光下曝晒。种用白果，干燥的标准是使新鲜种核的含水量降低到安全含水量，在室内或阴凉通风处阴干1～2天即可。

分级 即将同一批种核按其大小进行分类。作用是：经过分级的种用白果，出苗时间短，幼苗均匀一致，便于抚育管理。即使是非生产用种的白果，种粒分级也是进入市场的重要一环。

2. 种核贮藏

有干藏和湿藏之分。干藏，即将晾干的白果贮存在干燥的环境中，要求低温（2～5℃）低湿（<50%），并适当控制水分和热力传导，适用于非种用白果的贮藏。湿藏适用于种用白果，条件是低温、湿润和通风，通过一段时间的后熟完成胚胎发育，冬季贮藏，春季播种。白果贮藏的主要方法有：

袋藏 即将分级的白果装入薄膜袋中，每袋不超过20kg，袋口不封严。在气温不超过5℃的房间里，贮藏期可达6个月。

水藏　即将分级的白果倒入缸内或池内，再注入清水，水面超过白果20～30cm。在经常换水的前提下，可贮藏4～5个月。

沙藏　室内可采用层积贮藏或湿沙贮藏，贮藏期为3～5个月。方法是：选择阴凉的房间，地面先铺10cm的湿沙（以手捏不成团为宜），再在沙上摊10cm厚的白果，然后按5cm厚湿沙与5cm厚白果交替层积，一层湿沙，一层白果，多铺几层，顶上再盖一层湿沙，总高度不超过60cm。或者按1份白果与2份湿沙的比例混合堆放，总高度以40cm为限，要求半月之内翻动一次，以利通风换气，调节沙温。河沙过干时，还应适当补充水分，以防种核硬化。并要经常检查有无霉变与鼠害。室外可采用窖藏或坑藏，贮藏期为6个月。即在室外背阴排水处挖坑，深80cm，宽1m，长度视白果多少而定，然后先在底层垫10～20cm厚的干净湿沙，每隔1m竖一对竹把或秸秆，再把1份白果与2份湿沙混藏于坑内，或一层白果，一层湿沙，相间排列，直到离地面10cm为止，上面再盖5cm厚的湿沙，10cm左右的细土。盖好后，再从秸把中抽出秸秆2～3根，以利通气。最后在周围开一深、宽各20cm的排水沟，防止雨水渗入坑内。第二年春天地温回升后，要注意检查。当地温超过20℃时，要定期翻动，通气降温。

叶片的采收处理

1. 叶片采收

据测定，9月下旬至10月上旬，银杏叶片的黄酮类化合物为萜内酯含量最高。这时，银杏叶片厚大，叶色浓绿，且含水量为全年最低值，采收时间在10月10日左右。采叶方法采用人工采收，一年一次，既不存在多采少采，也不存在分期分批。

2. 叶片处理

银杏叶片采收后，要及时去杂干燥。干燥处理方法有两种。（1）晒干法。把去杂后的银杏叶片放在水泥地面或竹筐上摊开晾晒，摊晒厚度以3cm为限，每天翻动2～3次，约3～4天后，叶片即可达到气干状态（含水量不超过12%），用手握住叶片，既不焦碎，又比较柔软。（2）烘干法。见第六章加工部分。

3. 叶片的标准

目前收购的银杏叶片分三级。装包打捆时就应考虑出售的级别，以便卖一个好的价钱。三级的标准是：一级叶，叶色青绿，含水量不超过12%，无杂物，无霉变；二级叶，含水量不超过12%，无杂物，无霉变，黄叶不超过5%，叶缘发黄的不超过10%；三级叶，叶色不鲜，黄叶不超过10%，霉变不超过3%。一般2.5～3.0kg鲜叶可晾晒1kg干叶。

安陆银杏管理月历

月份	节令	物候期	作业内容及要求
1月	小寒 大寒	落叶后	1. 幼林银杏基地管理，散生大树施足基肥。 2. 植树造林。
2月	立春 雨水	落叶后	1. 检查种子库：检查越冬贮存的种子温湿度、鼠害，控制在适宜温湿度范围内，捡出霉烂种子，防止鼠害。 2. 复剪：补充、调整冬季修剪不足。 3. 准备种、苗、条：落实春季栽植、育苗、嫁接之种、苗、条数量，做好引种、购置的准备。 4. 防治虫害：摘除银杏超小卷叶蛾等害虫的蛹。 5. 备足肥料：备足土杂肥，以备施基肥。 6. 检修工具、设施：检修生产工具、动力机械、排灌渠道及道路、房舍等。 7. 继续植树造林。
3月	惊蛰 春分	落叶后	1. 继续上月作业。 2. 苗圃整地：运送肥料，深翻整平地面。 3. 苗木栽植。 4. 灌水：普浇大水，提高土壤墒情。 5. 种子摧芽。
4月	清明 谷雨	芽萌动 展叶	1. 育苗：苗圃整地、播种、圃地中耕除草、幼苗管理。 2. 灌水、施肥：花前结合施基肥、灌足水。 3. 人工授粉：观察雌雄花期，采集和处理花粉，用多种方法适时适量授粉。 4. 嫁接：进行幼树嫁接及大树高接换头，改换良种。 5. 防治虫害：药剂防治银杏超小卷叶蛾等幼虫。
5月	立夏 小满	生长期	1. 疏种：月初检查坐种情况，分2～3次进行。 2. 追肥：苗圃追肥，促进幼苗生长；大树追施氮、磷、钾混合肥，促使花芽分化，种子膨大。 3. 收种绿肥：收割去年播种的绿肥，应及时沤制，并播种夏季绿肥。 4. 嫁接苗管理：及时抹除接口下的萌蘖。接穗成活后绑缚支柱、防风折及人畜危害。 5. 防治虫害：人工捕捉超小卷叶蛾或用灯光诱杀及药物防治。 6. 中耕除草：中耕除草、松土、防止土壤板结及杂草滋生。
6月	芒种 夏至	种实及新梢生长期	1. 夏季常规管理：继续上月防治病虫害、抗旱、排涝、中耕除草及嫁接树株管理。 2. 根外追肥：每10～15天喷0.3%～0.5%的尿素或叶面专用肥，促进生长及花芽分化。 3. 夏季修剪：摘心以加大枝叶量，结种树环剥、倒贴皮、环刻、撑拉枝，改善树势，以促进花芽分化。

月份	节令	物候期	作业内容及要求
7月	小暑 大暑	种实膨大 枝芽分化	1. 继续上月作业。 2. 嫁接：芽接、皮下舌接、加强抹芽、除萌、及时绑支柱等。 3. 吊枝：结种多的树株，要设支架或吊枝，防止折断枝。 4. 积肥造肥：割草、收割绿肥、铲草皮等积肥，树盘中耕除草，松土。
8月	立秋 处暑	枝芽充实	1. 继续常规管理。 2. 准备采收：及时正确估产，组织人力，安排采、贮、运、销等工作，全面计划，做好采前准备。 3. 嫁接苗管理：放松春季嫁接之接穗包扎物、除萌蘖，绑支柱，防风折。
9月	白露 秋分	种子成熟	1. 选种：采收前根据选择标准，定株选择，单收单存，供翌春育苗用。 2. 采收：根据早、中熟品种成熟度及时采收，采收时防止损伤枝条，提倡随落随拾。沤制种子。 3. 追肥：采收后追肥，补充树体营养。 4. 灌水：追肥结合灌水。 5. 播种绿肥。
10月	寒露 霜降	叶色变黄 枝梢停长	1. 继续采收迟熟品种种子。 2. 灌水：落叶前灌水，促进根系生长和增粗。 3. 处理种子：采收后经堆沤，脱去外种皮，漂洗，晾晒，成为商品白果。 4. 清扫落叶：清扫落叶，晒干，除去杂质，磨成粉，以备出售。 5. 追肥：上月未完成者，继续追肥。 6. 积肥：利用一切条件收集垃圾、杂草等沤制土杂肥。 7. 贮存种子：将翌春育苗用种除去杂物干藏或混砂窖藏。
11月	立冬 小雪	落叶后	1. 冬季造林：整地备翌春栽植或随整地随栽。 2. 消灭越冬害虫：刮除干上粗糙树皮，拾净并结合修剪，剪去虫害枝，消灭越冬害虫的蛹。 3. 清理园地：铲除杂草，收集枯枝、病虫枝、落叶，并集中烧掉。 4. 松翻土壤：结合施基肥，园地冬翻，树盘内浅锄，露根树培土。 5. 整修水利及水土保持工程：检修水库、塘坝、排灌工程，清淤加固，修复等。 6. 制订修剪方案：根据树势、管理水平、立地条件，制订冬剪方案，并开始冬剪。 7. 检查种子库（窖）：检查育苗用种温湿度、鼠害，控制在适宜温度范围内。捡出霉烂变质种子，防治鼠害。
12月	大雪 冬至	落叶后	1. 继续上月作业：于封冻前完成冬季修剪。 2. 检藏工具：不用的农具、机械及其他用物等清查收藏。 3. 制订生产计划：编制下年生产计划、经费开支，制订产量指标，落实技术措施等。

第五章 安陆银杏种质资源及优良品种

安陆是我国重要的银杏原产地之一，种资源极为丰富，集梅核、马铃、佛手、圆子四大类二十多品种于一地，堪称天然的银杏种质资源库。

安陆银杏种质资源

安陆银杏种质资源的分类

按品种类型分　占主导地位的为梅核类和马铃类，分别占42.86%和30.6%。其次为圆子类，占12.86%。佛手类占12.28%。

按种核熟性分　以中熟品种为主，大都在9月25日至9月底成熟，占60%。早熟品种一般在9月20日左右成熟，占21.4%。迟熟品种一般在10月上旬成熟，占18.6%。

按种核大小级别分　三级（440粒/kg）占45.7%，二级（360～440粒/kg）占34.3%，一级（360粒/kg）占20%。以梅核、马铃为主的大粒型（每千克400粒以下）占50%以上，还有少量每千克700～800粒特小种核的品种（当地群众称之为“米白果”）。

按种仁内质分　还有当地群众称之为“粘白果”、“糯白果”、“甜白果”、“苦白果”之别的。

安陆银杏种质资源的特点

1. 佛手类和圆子类的早熟多

银杏成熟期一般年份相差不大。从授粉到成熟早熟品种155天，中熟品种170天，迟熟品种180天。各种类型的熟性又各有特点，其中圆子类和佛手类早熟多，占50%；马铃类和梅核类中熟多，分别占75%和62%。大粒型和小粒型中，成熟期最早的是佛手类，一般9月12～15日成熟；各种粒型和各种类型中的最迟成熟期均在10月10日左右。

2. 百年左右的银杏树大粒型多

大粒型多为百年左右的，百年以下的占33%，千年左右的占8.4%。在大粒型中，梅核类占58.3%，马铃类占33.3%，佛手类占8.4%。一般地讲，株高、胸围、冠幅、产量都随树龄增长而增加。长势与品种相关性不大，而与立地条件、树形、嫁接有关。一般直筒形的长得高些，塔形的矮些；经嫁接的矮些、冠幅大些，立地条件好的长得高大，老树经过培土和管理的长得茂盛。

3. 类型不同，其经济性状也不同

按圆子、佛手、马铃、梅核类分别以大、中、小粒型分析其经济性状。

子粒级别类　佛手类的每千克粒数多于其他类型，梅核类则少于其他类型。大粒型中最大为梅核每千克264粒，小粒型的为佛手类每千克360粒；中粒型中最大的为马铃类，每千克374粒，子粒最小的为圆子类，每千克792粒。

出核率　平均为26.7%，其中出核率最高的多为梅核类和小粒型。出核率在30%以上的梅核类占53%，马铃类占26.7%，圆子类占20%，大粒型占20%，中粒型占20%，小粒型占60%。出核率最高为35%，最低为16.8%。

出仁率　平均为78.5%，一般小粒型和梅核类的出仁率高，故出仁率高低不在于核的大小，而在于壳的厚薄和饱满度。出仁率超过80%的，小粒型占70%，中粒型占20%，大粒型占10%；梅核类占40%，马铃类占30%，佛手类占20%，圆子类占10%。

出核率与出仁率具有一定的相关性　一般出核率高的出仁率低，大粒型和中粒型出核率都在30%以上，很少有出仁率在80%以上的。

4. 千年树仍保留有优良性状

所调查的千年树优良性状表现为：有的每千克360粒，有的出核率达34%，有的出仁率达81%，最高株产白果500kg以上的有3株，有的冠幅产量每平方米产白果2kg。

5. 集中产区雄性树少

全市纯雄性大树只有4株，有的集中产区没有单独的雄性大树，致使大部分银杏树具有明显的大小年结果现象。大小年不明显的基本上都是雌雄同株和与雄株相邻的。一般随树龄增长而大小年愈明显。

安陆银杏传统名品

梅核类

1. **梅核王** 位于王义贞镇钱冲村杨家冲周家祠，管护人周存厚。树龄3 000年，树高37.8m，干高2.6m，主枝11个，胸径2.42m，树冠塔形，冠幅24.8m×21.9m，被火烧过3次，现茎基部有一大空洞。叶为扇形，淡绿色，叶长4.2cm，宽6.1cm，叶柄长7.1cm，中裂明显。球果长圆形，黄绿色，具少量白粉，周缘不整，稍见凹入，基部稍平。球果柄长3.6cm，较粗壮，略弯曲。单粒球果重8.8g，每千克粒数115，出核率28%。种核长圆形，核形指数1.22，核壳白色、光滑，先端小尖不明显，束迹点小，两侧棱线在4/5处消失，背腹相等。单粒种核平均重2.4g，每千克粒数417，出仁率76%。种仁微苦。该品种中熟偏早。产量较高，一般年株产400kg，最高达500kg。

（潘小平 摄）

2. 灵眼 位于王义贞镇钱冲村钱家冲陈家塆，管护人江国雄。树龄2 500年，树高41.3m，胸径1.98m。树冠塔形，主干挺直，长势好，层形明显。叶为扇形，叶缘缺刻浅，中裂明显，叶长4.8cm，宽约6cm。叶柄长6.5cm，叶色较深。球果圆形，熟时金黄色，被薄白粉，表皮有皱褶，有油脂；先端渐尖，具小尖头，珠孔迹明显，蒂盘长椭圆形，较小，周缘不整，凹入外种皮中。果柄长约3.5cm，较粗壮，略弯曲。单粒球果重8.9g，每千克粒数110，出核率24.3%。种核长圆形，核形指数1.26，核壳白色、光滑，下部毛糙，先端小尖，两束迹小，两侧棱线在1/2处消失，背腹相等。单粒重2.15g，每千克粒数465，出仁率80%，种仁甜糯。该品种中熟偏迟，粒大高产。1988年产白果525kg，1995年最高年产875kg。为目前安陆单株产量最高的树。

3. 大梅核 位于王义贞镇钱冲村杨家冲周家大塆，管护人孙传强。250年生根蘖树，树高18m，胸径0.7m。树形松散，长枝节间4cm左右。叶多为扇形，少为三角形，叶色浓绿，叶缘缺刻浅，中裂明显，叶长4.4cm，宽约5.9cm。叶柄长7.5cm，短枝叶片数6～8枚。球果圆形，黄绿色，有白粉，表皮有皱褶，不光滑，先端具小尖，基部蒂盘小，周边不整且稍下陷。果柄长3.2cm。单粒球果平均重11.0g，每千克粒数91，整齐度较高，出核率25%。种核椭圆形，上下基本对称，先端小尖，两束迹平宽，两棱线在1/2处消失，背腹相等。核形指数1.23，壳色白、光滑。单粒重2.6g，每千克粒数385，出仁率76.5%。该品种为中熟偏迟。粒大，稳产高产，无明显大小年现象，一般年株产200kg左右。

6. 黄金果 位于王义贞镇杨港村杨树港塆，管护人郭泽龙。树龄200年，实生雌树，后在树顶嫁接一雄枝，树高11m，胸径0.8m。树形似塔，主干明显，主枝层形分布。长枝节间3.5～4cm，叶扇形，长4.1cm，宽6.5cm。叶柄长6.3cm，叶色较深，中裂较浅。球果椭圆形，熟时金黄耀眼，先端渐尖，具小尖头，珠孔迹明显，周缘不整凹入外种皮中。果柄较长，略弯曲。单粒球果重10.1g，每千克粒数99，出核率25.2%。种核椭圆，白色，核形指数1.21，先端尖平，束迹窄、不明显，两侧棱线2/3处消失，背腹相等。种仁甜糯。单粒种核平均重2.9g，每千克粒数345，出仁率75%。该品种为中熟。产量较稳，无大小年现象，一般年株产100kg左右。

7. 甜梅 位于王义贞镇唐僧村大周家冲庙塆，管护人周守坤。树龄1 300年，主干直立高大，树高28.5m，胸径1.58m。第一主枝位于3.11m处，层形明显。长枝节间长约4cm，叶为扇形，长4.8cm，宽7.2cm。叶柄长8cm，叶色较浅，中裂较明显。球果圆形色黄，双果率小。先端圆钝，顶点下凹，基部平阔，蒂盘圆形较大。果柄末端有一明显退化小种实，柄长3.5cm，较粗壮，略弯曲，单粒球果平均重9.6g，每千克粒数105，出核率较低，为24%。种核椭圆形，核形指数1.25，壳色洁白较薄，束迹点窄，两侧棱线在2/3处消失，背腹相等。单粒种核平均重2.2g，每千克粒数455，出仁率81.2%。种仁味甘甜且带糯性。该品种熟性较迟，一般于10月上旬成熟。

8. 晚梅 位于王义贞镇唐僧村小周家冲彭家塆，管护人彭瑞彪。嫁接树。树龄200年，树高25m，胸径0.9m。树形直筒，主干挺直，层形明显，长势较好。长枝节间长3.5cm，叶色较深，叶缘缺刻浅，中裂不明显。球果圆形，熟时金黄色，具少量白粉，先端秃圆，顶端略平，具小尖，周缘不整，略凹陷。球果柄长约3.4cm，单粒球果平均重11.8g，每千克粒数85，出核率25%。种核椭圆腰厚，核形指数1.29，种壳白色，先端小尖明显，束迹点不明显，两侧棱线在1/2处消失，背腹相等。单粒种核平均重2.75g，每千克粒数353，出仁率78.5%。该品种为迟熟。种核较大，整齐，产量较高，一般年株产200kg左右。

9. 太平果 位于李畈镇柳林村小陈家冲太平寨下，管护人李可银、张玉华。树龄1 200年，树高27.4m，胸径1.52m。树形松散，主干粗大，主枝少，无层形。长枝上叶多为扇形，叶长4.2～5.4cm，宽6.8～9.5cm，叶柄长7.1cm，叶色较深，中裂明显。球果椭圆形，不偏斜，周缘不整，略凹陷。果柄长3.5cm，单粒球果重8.1g，每千克粒数122，出核率26.2%。种核椭圆，核壳洁白光滑，上下基本对称，先端秃圆，具小尖，珠孔迹明显，基部两维管束迹迹点小而明显，无背腹之分。单粒种核重2.3g，每千克粒数435，出仁率76.6%。种仁白，味甜。该品种为中熟偏迟。其植株高大，产量较高，一般年株产300kg左右。种核有胚率较高，是培育用材树的好品种，也可取其种核作砧木用种。

马铃类

10. 马铃 位于王义贞镇唐僧村大周家冲彭家塆后洼，管护人彭瑞黄。树龄200年，实生树。树高18m，胸径0.9m。树形塔形，中心干明显。发枝力强，生长旺盛。多为扇形叶，长4.5cm，宽7.2cm。叶柄长6cm，短枝叶片数为7枚，叶色较深，中裂明显。球果椭圆形，熟时黄绿色，具少量白粉，皮薄，先端圆钝具少量白粉，皮薄，先端圆钝具小尖，珠孔迹明显，蒂盘近圆形，表面凹凸不平，周缘向种皮内凹陷。果柄较直。单粒球果重10.6g，每千克粒数94，出核率24.2%。种核长圆形，壳白光滑，先端小尖不明显，束迹迹点窄平，两侧棱线在1/2处消失，背腹相等。单粒种核平均重2.9g，每千克粒数345，出仁率81%。种仁甜糯，该品种为中熟偏迟。高产稳产，一般年株产150kg左右。

11. **糯米果** 位于王义贞镇梅花村石柱冲何家大塆，管护人何义洲。树龄90年，嫁接树。树高16m，胸径0.57m。树形直立，中心干明显，主枝层形分布，主枝8个。长枝上叶多为扇形，少为楔形叶，叶长4.3cm，宽6.8cm。叶柄较长8cm，叶色较深，中裂不明显。球果长圆形，熟时橙黄色，被薄白粉。先端圆钝，具小尖，珠孔迹微凹入，表面及四周凹凸不平，周缘不整，略凹陷。果柄长3.5cm，略弯曲，粗壮。单粒球果重10.1g，每千克粒数99，出核率26.1%。种核长圆形，核形指数1.48，壳白光滑，先端小尖不明显，束迹点平窄，两侧棱线在1/2处消失，背腹相等。种核单粒重3g，每千克粒数333，出仁率78.5%。该品种为中熟，种仁味甜，糯性较强。

12. 两头圆 位于王义贞镇唐僧村观音冲青檀树塆，管护人邓定延。树龄150年，嫁接树。树高20m，胸径0.7m。树形似塔，中心干明显，主枝层形分布，发枝良好，生长势强。叶扇形，长4.7cm，宽7.5cm。叶柄长5.6cm，短枝叶片数为7枚，叶色深，中裂明显。球果长圆形，熟时橙黄色，满布白粉，先端圆钝，顶点下凹，珠孔迹明显，基部平阔。果柄长约4cm，较粗壮，略见弯曲。单粒球果重9g，每千克粒数111，出核率25%。种核长圆，核形指数1.33，壳色洁白，光滑，两头较圆，尖不明显，在种核最宽处可见一腰箍，两侧棱线自1/2处消失。单粒核种平均重2.1g，每千克粒数476，出仁率75.5%。该品种为中熟。产量较高，一般年株产80kg左右。种仁味苦，为良好的药用材料。

13. 仁和白 位于王义贞镇钱冲村杨家冲周家大塆，管护人周金华。树龄1 100年，实生树。树高32.4m，胸径1.5m。树形似塔，长势较好，外围长枝年生长量达35cm。长枝上叶片为扇形，长4.2cm，宽6.8cm。叶柄长7.8cm，叶色淡绿，中裂明显。双果率较高，短枝结种数多，最多达11粒。球果椭圆形，熟时橙黄色，被薄白粉。先端秃圆，具小尖，周缘不整，略凹下。果柄长3.6cm，较粗壮，略弯曲。单粒球果重9.5g，每千克粒数105，出核率25%。种核椭圆形，乳白色，光滑，核形指数1.40。腰厚，先端小尖，束迹点宽而明显，两侧棱线在1/2处消失，无背腹之分。单粒核种重2.5g，每千克粒数400，出仁率75%。种仁甜糯。该品种为中熟。高产稳产，一般年株产白果200kg左右。

14. 苦杏 位于李畈镇柳林村杨家冲老洼对面公路边，管护人杨海洲。树龄400年，嫁接树。树高21m，胸径0.8m。树形松散，主枝少，层形不明显。长枝节间距39cm，叶为扇形，长4.2cm，宽7.3cm。叶柄较长，达9.5cm，叶色较深，中裂明显。球果长圆形，黄绿色，具少量白粉。先端圆秃，顶尖下陷，珠孔迹迹点不明显，边缘不整。果柄长2.9cm，基部略见弯曲。单粒球果重9g，每千克粒数111，出核率25%。种核长圆形，核形指数1.40。一头大，一头小，形似马铃,壳色乳白，前端光滑较平，似圆底，束迹宽突，两侧棱线于2/3处消失，背腹一面稍大。单粒种核平均重2.5g，每千克粒数400，出仁率78.50%。该品种为中熟偏迟。高产稳产，一般年株产250kg左右。种仁微苦，食用药用均可。

15. 李子果　位于孛畈镇柳林村刘家冲伍家塆，管护人陈玉富。树龄800年，根蘖树。树高22m，胸径1.1m。中心干明显，主枝层形分布似塔形，长势较旺。叶多为扇形，少为三角形，叶长4.5cm，宽7.3cm。叶柄长7.3cm，叶色淡绿，中裂不明显。球果卵圆形，熟时橙黄色，被薄白粉，先端秃圆，顶尖，自中部向下逐渐缩成圆筒形，表面与周缘不整，周缘略凹下。果柄长3.2cm，单粒球果重9.8g，每千克粒数102，出核率24.5%。由于球果形似李子的果实，俗称李子果。种核长圆形，核形指数1.45，核壳白不光滑，先端较平，束迹窄尖突，两侧棱线短，只占1/3，背腹相等。单粒种核重2.4g，每千克粒数417，出仁率78%。种仁甜糯。该品种为中熟。产量较高，一般年株产250kg左右。

16. 九月响 位于王义贞镇钱冲村杨家冲底下塆，管护人周道品。树龄400年，实生树。树高14m，胸径0.9m。主干明显，树形直立，主枝数较多，层形分布，生长旺盛，长枝年生长量较大，达33cm。叶为扇形，长4.3cm，宽7.5cm。叶柄长6.5cm，叶色较深，中裂明显。球果卵圆形，熟时橙黄色，被薄白粉，可见少量油胞。先端圆秃，顶部平阔，顶微凹，珠孔迹迹点明显。果柄较直且粗壮，长约4cm。单粒球果重7.6g，每千克粒数131，出核率24.3%。种核长圆形，核形指数1.38。壳白光滑，具突尖，束迹迹点小，两侧棱线在1/2处消失，背腹相等。单粒种核重2.1g，每千克粒数476，出仁率78%。该品种为早熟。早春萌发比其他树明显提早一周左右，双果率较高。一般年株产220kg左右。有胚率较高，适合于用材林和砧木育苗种子。

佛手类

17. 家佛指 位于王义贞镇唐僧村大周家冲庙塆，管护人彭瑞林。树龄1 200年，实生树。树高32.3m，胸径1.54m，直筒形，中心干明显，主枝呈层形分布。叶为扇形，长约3.8～4.3cm，宽7.8～8.3cm。叶柄长6.5cm，叶色较浅，中裂明显，裂口直而狭。球果长椭圆形，熟时橙黄色，被薄白粉，上下粗度基本一致。先端圆钝，较平阔，周缘稍有凹陷。果柄长约4.2cm，略弯曲。单粒球果重6.2g，每千克粒数161，出核率25%。种核一头光圆，一头长尖，核形指数1.64。壳白光滑，先端小尖，两束迹窄尖突出，两侧棱线短，仅为核长1/3，背腹相等。单粒种核重1.52g，每千克粒数657，出仁率80%。该品种成熟较早，产量较高，一般年株产250kg左右。

18. 长柄佛手 位于王义贞镇唐僧村大周家冲庙塆，管护人彭瑞文。树龄60年，为自然生长的实生树。树高20m，胸径0.5m。树形直立，主干明显，主枝多，长势较好。叶为扇形，一般长4.1cm，宽7.6cm。叶柄长8.5cm，叶色浓绿，中裂明显，叶缘具较深缺刻。球果长圆形，熟时金黄色，被薄白粉。先端圆秃，具小尖，珠孔迹明显，周缘不整略下陷。果柄长4.4cm，最长达5cm。单粒球果重9.2g，每千克粒数108，出核率25%。种核长卵圆形，核形指数1.60，壳白色不光滑，先端成圆底，束迹点宽明显，背腹相等，两侧棱线在1/2处消失。单粒种核重2.3g，每千克粒数435，出仁率75.6%。种仁味微甜带糯，该品种为中熟。产量高且稳，一般年株产130kg左右。

19. 长佛手　位于孛畈镇柳林村杨家冲老洼，管护人张德江。树龄800年，树高16m，胸径0.8m。树形开张，无中心干。长枝节间4.2cm，长枝上叶片多为扇形，长约5.3cm，宽约7.2cm。叶柄长5.5cm，短枝叶片数一般为7枚，叶色较深，模块裂明显，缺刻浅。球果长卵圆形，熟时黄色，被厚白粉。先端圆秃，具小尖，基部蒂盘圆形或近椭圆形，表面凹凸不平，周缘略凹陷。果柄长约3cm，单粒球果重10.1g，每千克粒数99，出核率25%。种核一头小圆一头尖，形似佛指，核形指数1.67。壳白而光滑，先端小圆尖，束迹明显尖突，两侧棱线在2/3处消失，背腹相等。单粒种核粒重2.8g。每千克粒数357，整齐度较高，出仁率75%。种仁甜糯。本品种为早熟。一般年株产150kg左右。

20. 野佛指 位于王义贞镇唐僧村观音冲白果树洼山腰，管护人邓增华。树龄1 800年，实生树。树高41.2m，胸径1.75m。树冠高大挺拔，层形明显，成宝塔形。叶为扇形，叶长3.9cm，宽6.4cm。叶柄长7cm，短枝叶片数为6～8枚，叶色较浅，中裂明显，叶缘缺刻深。球果长椭圆形，熟时橙黄色，被薄白粉。先端钝圆，不具小尖，珠孔迹明显，周缘较整齐，稍见凹入。果柄3.2～4.2cm，基部略呈扁平，单粒球果平均重9.8g，每千克粒数105，出核率25.7%。种核一头小圆尖，一头长尖，核形指数1.57。壳白光滑，先端小圆尖，束迹尖突，两侧棱线在1/2处消失，背腹相等。单粒种核重2.6g，每千克粒数390，出仁率80%。种仁甜糯。该品种为中熟。一般年株产白果150kg左右，是千年佛手型的代表品种。

21. 小佛手 位于李畈镇柳林村杨家冲老洼，管护人张德江。树龄约800年，根蘖树。树高20m，胸径1.2m。树形直立，长势好，根蘖发达，表现为四世同堂。根蘖叶片较大。叶为扇形，长4.5cm，宽7.6cm。叶柄长7.3cm，叶色较绿，缺刻较浅。球果及种核均较小，分别为5.8g和1.6g，作为商品果价值低。但该品种发芽早，生长快，树形高大，可作为优良的用材林树种，予以开发利用。

22. 大佛手 位于李畈镇月岭村杨家冲秦家台子，管护人秦可兵。树龄1 300年，实生树。树形直立高大，中心干明显。主枝层形分布，树高32m，胸径1.74m。叶为扇形，长4.1cm，宽8.1cm。叶柄长7.8cm，短枝叶片数为7～8枚，叶色较深，中裂明显。球果长卵圆形，熟时橙黄色，被厚白粉，油胞不明显，先端钝圆，顶尖微凹，基部蒂盘圆形，周缘不整。果柄长约4.1cm，纤细，弯曲，单粒球果重8g，每千克粒数125，出核率25%。种核窄圆长，壳白不光滑，先端圆底，束迹突尖，背腹相等。单粒种核平均重2.1g，每千克粒数476，出仁率72%。种仁黄白色，甘甜微苦。该品种为中熟。产量较高、较稳，种核有胚率高，一般年株产250kg左右。

圆子类

23. 算盘子 位于王义贞镇钱冲村杨家冲周家大塆，管护人周德华。树龄800年，树高22m，胸径1.49m。树形圆筒形，中心干明显。长枝上叶为扇形，叶长3.4cm，宽6.5cm。叶柄长5.5cm，叶色浓绿，中裂不明显，周缘缺刻较浅。种实卵圆形，熟时鲜黄色，具少量白粉。先端秃圆，顶端略平，具小尖，珠孔迹明显，基部稍狭，呈椭圆形，蒂盘圆形，周缘不整，略凹陷。果柄长3cm。单粒球果重5.8g，每千克粒数168，出核率25%。种核扁圆形，核形指数1.16。壳色浅黄白色，光滑，先端圆有小尖，两束迹宽，顶点明显，背腹相等，两侧棱线明显延伸到3/4处消失。单粒种核重1.6g，每千克粒数625，出仁率75%。该品种为早熟，高产稳产，一般年株产白果150kg左右。由于生长势强，幼苗生长也迅速，是用材及银杏品种嫁接砧木的优良品种。

24. 小龙眼 位于王义贞镇唐僧村大周家冲彭家塆，管护人彭小波。树龄1 500年，实生树。树高34m，胸径1.89m。树形松散，中心干明显，主枝数较多，层形分布，生长势好，发枝力强，成枝率高。叶多为扇形，少为三角形，具中裂，叶缘缺刻较深。叶长4.2cm，宽7.8cm。叶柄长6.8cm，叶色较深。球果圆形，熟时黄色，被薄白粉，先端圆钝，顶点下凹，基部平阔，蒂盘圆形、较大。果柄短而粗圆，长2.8～3.2cm。球果有大小两种，大的单果9.2g，而小的只有6.3g，每千克粒数160，出核率25%～29%。种核圆形，核形指数1.19，壳洁白光滑，先端突出具小尖，基部束迹点小而明显，迹点之间宽而平，两侧棱线在1/2处消失，背腹相等。种核单粒重1.8g，每千克粒数555，出仁率75%。该品种为中熟。产量较高，一般年株产白果300kg左右。生长势为本地千年树中最好。

25. 米白果 位于王义贞镇钱冲村杨家冲周家大塆屋后，管护人周存兵。树龄800年，实生树。树高36m，胸径0.95m。树形直立，中心干明显，主枝数较多，层形明显。叶片多为扇形，少为三角形，长4.3cm，宽7.8cm。叶柄长6.4cm，叶厚而色绿，短枝叶片数为6～8枚，中裂明显，叶缘具较浅缺刻。球果、种核均较小，单粒种核只有1.25g，每千克粒数800左右，故被当地群众称之为“米白果”。根据其特点，作为采叶园用种效果较好。

26. 糯圆子 位于王义贞镇钱冲村钱家冲江家塆，管护人江国龙。树龄800年，树高33m，干高2.8m，胸径1.1m。主枝数6个，树形松散，叶片多为扇形，少为三角形，中间缺刻明显，叶片长4.4cm，宽8.1cm。叶柄长2.8cm，叶厚而色绿。球果圆形，成熟时金黄色，被白粉，顶端略尖，基部微凹。单粒球果重11.5g，每千克粒数98。种核圆形，核形指数1.15，壳洁白，先端突具小尖。单粒种核重2.2g，每千克粒数455，出核率78.5%。种仁微甜带糯，当地群众称“糯圆子”。宜炒食，可作优良食用品种。一般年株产250kg左右，最高年产达450kg，无大小年现象。

除以上四大类外，安陆境内还有叶籽银杏、垂枝银杏、树奶银杏、金叶银杏及裂叶银杏等特种银杏，可作为综合开发利用的好材料。

安陆银杏优质名品

安陆除有上述传统名品外，还有一批曾参加全国、省、市评比，被评为优良品种的优质名品，重点介绍以下6个品种。

1．安陆大白果（又称安陆1号）

位于王义贞镇花园村云雾山腰沈家塆，管护人周建平。树龄300年，实生树，梅核类。株高18m，胸径0.83m，树冠面积70m²，呈塔形，层形明显，树势强健。多为扇形叶，少数为三角形叶，叶宽6.5cm，长4.3cm，叶柄长5.3cm。叶色较深，叶缘缺刻较浅，中裂不明显。

种实近圆球形，熟时橙黄色，具白粉。先端具小尖或微微凹入。基部蒂盘小，表面凹凸不平，周边不整稍下陷。果柄较短稍弯曲，粗壮。球果大，单粒平均重13.2g，每千克粒数76，出核率28%。

种核长圆形且腰部丰厚，壳乳白色，光滑。核形指数1.30。先端圆突具小尖，维管束迹迹点宽平，两侧棱线（有的有翼）至基部4/5消失，背腹相等。种仁黄绿色，经检测：水分58.01%，淀粉24.76%，总糖10.20%，蛋白质4.51%，脂肪1.52%，V_C108mg/kg，V_E16.8mg/kg。单粒种核重3.7g，每千克粒数268，整齐度高，可达95%以上。出仁率78%。

本品种的特点是籽粒大，产量高而稳，年株产100～200kg，每平方米冠幅产量可达2kg，大小年不明显。种仁甜糯，是食用的好品种，曾先后参加过全国、省、市评比，均被评为优质品种，现为安陆大白果的代表种、当家种，已推广到省内外。

2. 三冲甜（又称安陆31号）

位于王义贞镇唐僧村大周家冲庙塆，管护人彭瑞怀。群众称之为甜白果，是安陆科技人员从安陆白果中筛选出的优良单株。树龄150年，嫁接树，梅核类。胸径0.7m，冠幅面积55m²，树形自然开心形，长势良好。叶扇形，长4.3cm，宽6.4cm，叶柄长5.6cm，叶色深绿，叶缘缺刻浅，中裂不明显。

种实近圆球形，熟时浅橙黄色，被薄白粉。上端秃圆，顶部稍见平广，顶尖凹入，珠孔迹明显。基部蒂盘小，近圆形，周缘不整，略凹陷。球果柄长2.7～3.3cm，略弯曲。单粒球果平均重12.3g，每千克粒数81，出核率较高，达28.4%。

种核长圆形，核形指数1.30，腰丰厚，壳白色而薄、光滑。先端圆突具小尖，束迹迹点宽平，两侧棱线明显至基部消失。种核较大，单粒平均重3.5g，每千克粒数286，种仁浅绿黄色，味甜糯。出仁率高，为80.2%。

该品种的特点是粒大高产，年株产50～100kg，每平方米冠幅产量1kg以上，且连续结果好，无大小年结果现象。种仁味甜可口，为食用好品种。1990年参加全国银杏品种鉴评时，被评为优良品种。

3. 观音皇（又称安陆64号）

位于王义贞镇唐僧村小周家冲聂家塆，管护人聂华平。是安陆科技人员经调查挖掘出的优良品种。树龄40年，嫁接树，马铃类。树高13m，胸径0.45m。树形松散，由于树的一面为陡坡，基本无土，造成树势较弱，长势差。叶为扇形，长4.2cm，宽8.3cm，叶柄长5.1cm，叶色黄绿，叶缘缺刻较深，中裂明显。

种实长圆形，熟时浅橙黄色，具少量白粉。先端圆钝，顶微凹，具小尖，珠孔迹明显，基部平，蒂盘略呈圆形，周缘不整，略凹入。果柄弯曲带钩，长约3.1cm。单粒球果重13.3g，每千克粒数75，出核率24.4%。

种核长圆形似马铃，核形指数1.40。壳白腰丰厚，先端圆钝，基部狭窄，顶具钝尖，束迹迹点小而明显，两侧棱线在1/2处消失，无背腹之分。单粒种核平均重3.25g，每千克粒数307，出仁率74.1%，种仁绿黄色味甘甜微苦。

该品种的突出特点是核大、叶大、早熟。用该树的枝条作接穗，嫁接后的成年树均表现为大粒高产。因此，只要经过培育，是可以获得高产的。本品种先后参加过省市评比，被评为优良品种。

4. 钱冲梅

位于王义贞镇钱冲村钱家冲净土塆，管护人戴拥军。树龄1400年，梅核类，雌雄同株，是自然同株还是嫁接同株，因树龄太大，无法考证。这一雌雄同株异花授粉品种，长势良好，树高27m，胸径1.49m。呈塔形，中心干明显，主枝层形分布。叶为扇形，长4.3cm，宽7.6cm。叶柄长5.6cm，叶色淡绿，缺刻浅，中裂明显。

种实长圆形，黄绿色，被薄白粉，先端圆钝具小尖头，基部平广，蒂盘椭圆形，表面凹凸不平，周缘波状。果柄长3.5cm，略弯曲。短果枝上着生果较多，有的多达10粒，且双果率高。单粒种实重12g，每千克粒数83，出核率25.1%。

种核长圆形，核形指数1.27。壳白色、光滑，先端小尖，束迹明显，两侧棱线在4/5处消失，背腹相等。单粒种核平均重3g，每千克粒数333，出仁率77.5%。种仁甜糯，食用价值高。

本品种的特点是产量高，年株产白果200～300kg，大小年不明显，是一株较稳定的高产品种，商品性较好，为本地推广的代表单株。

5. 义贞大马铃

位于王义贞镇唐僧村大周家冲彭家塆后洼，管护人彭小波。树龄200年，嫁接树，树高20m，胸径0.7m。树形直筒，本树原为雌树，在其上方一侧嫁接一雄枝，成为雌雄同株异花授粉植株。由于立地环境土层深厚，肥力好，该树长势良好。叶为扇形，长4.3cm，宽7.6cm，叶柄长5.6cm。叶色浓绿，缺刻浅，中裂不明显。

种实长圆形，熟时深黄色，有少量白粉。先端圆秃，顶部平阔，顶尖凹陷，珠孔迹明显，周缘不整，略凹入。球果柄长2.8～3.3cm，单粒球果平均重11.2g，每千克粒数89，出仁率25%。

种核长圆形，腰厚，核形指数1.35。壳色白光滑，先端小尖，两束迹点宽平，两侧棱线在1/2处消失，背腹相等。单粒种核重2.8g，每千克粒数357，整齐度95%，出仁率79%，种仁甜糯。

本品种为中熟，高产稳产，一般年株产白果200kg左右。目前，已推广到省内外，为当地当家品种。

6．庙湾药白果

位于王义贞镇唐僧村大周家冲庙塆南堰边，管护人周守川。树龄1 600年，根蘖苗移栽，梅核。树高31.5m，胸径1.92m，树冠塔形，中心干明显，生长旺盛。叶为扇形，叶长3.8cm，宽7.8cm。叶柄长6.1cm，叶色较深，中裂明显，叶缘缺刻较浅。

球果长圆形，熟时绿黄色，布满白粉。外种皮较薄，先端浑圆，顶部宽大圆秃，具小尖，珠孔孔迹明显。蒂盘圆形，周缘较整齐，果柄长3.8cm，略弯曲，单粒球果重8.2g，每千克粒数122，出核率25.7%。

种核形似佛手，核形指数1.60。种核壳白而薄、光滑，单粒种核平均重2.1g，每千克粒数476，出仁率79.3%。

本品种为早熟，产量较高，一般年株产白果300kg左右。种仁味苦，可开发为药物专用白果。

（注：第五章中的银杏球果及种核图片均为易家镜拍摄）

附: **安陆银杏优质名品经济性状表**

品 名	类型	粒/kg	出核率(%)	出仁率(%)	树龄(年)	熟性	树形	最高产(kg)	品质
安陆大白果	梅核	268	28	78	300	中	塔形	200	甜糯
三冲甜	梅核	286	28.4	80.2	150	中	开心	100	甜糯
观音皇	马铃	307	24.4	74.1	40	早	松散	30	甘甜
钱冲梅	梅核	333	25.1	77.5	1 400	中	塔	300	甜糯
义贞大马铃	马铃	357	25	79	200	中	直筒	200	甜糯
庙湾药白果	梅核	476	25.7	79.3	1 600	早	塔	300	苦

第六章

安陆银杏的开发利用

安陆银杏开发利用始于20世纪80年代中期。1994年后，安陆市委、市政府把握银杏产品市场扩大、价格看涨的机遇，着手把银杏作为全市经济的支柱产业来抓。1997年10月市政府组织编制了《湖北省安陆市银杏系列开发总体规划》。按照总体规划，全面加大了银杏科研、生产、加工和银杏旅游开发的力度，推动了银杏产业的迅猛发展。

系列开发的总体规划

开发银杏产业的指导思想

按照社会主义市场经济体制要求，以国内外市场为导向，以银杏资源建设为基础，以产品开发为动力，以深度加工为龙头，以经济效益为中心，以增加农民收入，尽快实现小康为目标，科学规划，合理布局，建设一批优质、高产、高效的银杏生产基地和外向型银杏产品加工企业，尽快形成“种—加—销”一条龙，“贸—工—林”一体化的生产经营体系。把银杏系列开发建成安陆的支柱产业，带动和促进全市经济持续、快速、健康发展。

开发银杏产业的基本原则

——整体布局，综合开发，突出重点，搞好资源基地建设，充分发挥银杏资源优势，挖掘银杏系列产品开发潜力，建设大产业，开拓大市场。

——因地制宜，提高土地资源综合利用水平，使银杏基地建设实现规模经营，集约经营。

——面向市场，立足科技，加速科技成果转化，追求高科技含量，高附加值，高效益。

——打破行政、地域及所有制界限，鼓励跨部门、跨行业多形式的联合开发经营，多渠道筹集资金，谁投入、谁开发、谁受益。

——发展“高产、优质、高效、持续林业”，积极引导银杏产业发展上档次，上水平，实现经济、社会、生态综合效益。

开发银杏产业的战略目标

1997～2000年为第一阶段。新建银杏基地6 000hm^2，使全市银杏基地面积达到1.6万hm^2，初步发展银杏叶烘干、银杏茶、银杏枕、银杏食品、银杏制药等加工业。2000年，银杏产业产值达到5亿元。

2000～2010年为第二阶段。依托高新技术，进行深度开发，建成年产2 000t银杏化妆品生产线，年产2t银杏苦内酯生产项目，年产1 000万盒银杏成药生产企业，年产1 000t银杏生物农药，树立名牌企业和名牌产品形象，占领国内市场，开拓国际市场，使银杏产业成为安陆主导型支柱产业。到2010年后，银杏产业创产值23亿元，利税8.3亿元，银杏税收占财政收入的30%以上，农民人均年增收达到1 000元以上（表1、图1）。

表1 安陆市银杏系列开发规划工程项目构成

项目		规模			建设期
类别	名称	总规模	已建	新建	
银杏基地建设	银杏基地	1.6万hm^2	1万hm^2	0.6万hm^2	2000年以前
	银杏苗圃	110 hm^2	50 hm^2	60hm^2	
	四旁树	2 000万株	500万株	1 500万株	
系列产品加工	银杏烘干叶	20 000t		20 000t	2000年以前
	银杏叶干浸膏	100t	30t	70t	
	银杏叶保健饮品	2 000万罐		2 000万罐	
	银杏食品	2 000t		2 000t	
	银杏叶保健茶	300t		300t	
	银杏药枕	50万只	10万只	40万只	
	银杏成药	1 000万盒		1 000万盒	2000～2010年
	银杏苦内酯	2t		2t	
	银杏生物农药	1 000t		1 000t	
	银杏系列化妆品	2 000t		2 000t	
市场体系	专营批发市场	1个	1个		2000年以前
	专营店	国内大中城市			
	国外代理商	东南亚及欧美国家			
技术保障体系	良种培育	以市内科研机构为依托，建立种子园、采穗园、基因库及速生丰产示范基地			2000～2010年
	速生丰产技术				
	系列产品深度开发	引进国内外先进技术，与大专院校、科研所、国外科研机构建立协作关系			

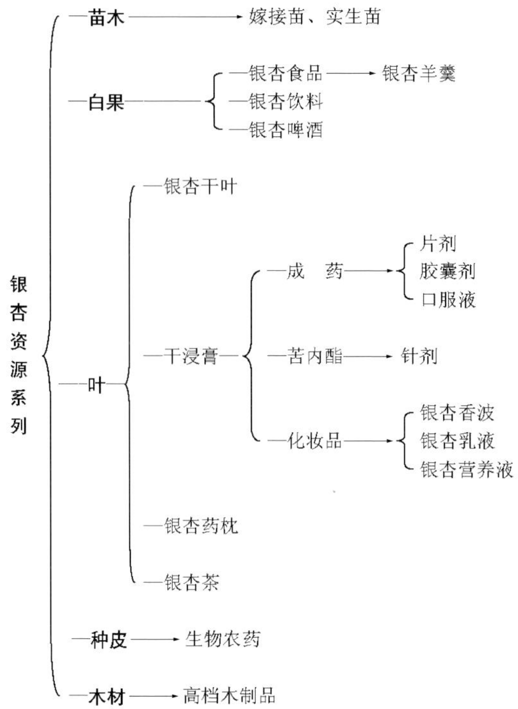

图1　银杏产品系列开发

开发银杏产业的效益分析

1．经济效益分析　正常年份产苗木3 300万株，产鲜叶3.2万t，白果4.5万t，干叶2万t，黄酮100t（含现有30t），银杏羊羹2 000t，银杏饮料2 000万罐，银杏保健茶300t。产值23亿元，其中：种植业产值10亿元，加工业产值13亿元。第一期工程总产值15亿元；第二期工程新增银杏成药1 000万盒，产值5亿元，银杏苦内酯2t，产值1.5亿元，化妆品2 000t，产值1.5亿元，生物农药1 000t，产值0.1亿元，累计新增产值8.1亿元。

第一期工程正常年份总产值15亿元，实现利税8.3亿元，基地内部收益率25.5%，加工企业内部收益率37.8%，综合内部收益率26.48%。当成本上升20%时，综合内部收益率20.23%；当价格下降20%时，综合内部收益率19.86%；当两者同时发生时，综合内部收益率15.43%，仍然大于基准收益率10.08%和12.42%（投资贷款利率），投资回收期6年，贷款偿还期8年。第二期工程在2000年以后建设，科技含量高，产品附加值高，经济效益将更为显著。

2．社会效益分析　开发银杏功在当代，惠及子孙，社会效益显著。

（1）有利于调整安陆市的产业结构，打破安陆市长期以来以粮食生产为主的单一格局，加快向“一优两高”农业迈进的步伐。届时银杏产业将成为安陆市的主导产业，银杏加工企业将成为安陆市的龙头企业，银杏系列产品将成为安陆市的拳头产品，银杏产业产值将达到23亿元，在安陆市的工农业总产值中占30%，更符合安陆市作为全国“银杏之乡”的发展需要和实际情况。

（2）有利于加快安陆市的农村脱贫致富奔小康的步伐。本项目是高起点、高技术、高附加值、高创汇的系列工程，将带动全市的第一、第二、第三产业的全面发展，活跃农村经济，项目建成后仅银杏种植业产值将达到10亿元，与1996年相比增加9.4亿元。

（3）银杏工程项目建设需上一批高新技术乡镇企业，有利于缓解农村劳力过剩的矛盾，有利于农村的稳定和现代化农业建设。

（4）银杏系列产品是国际紧缺商品，项目建设满足了社会物质需要，将资源优势转变为商品优势和经济优势，有利于提高人民的健康水平，有利于我国的社会主义精神文明和物质文明建设，并能提高我国在国际上的知名度和声誉。

3. 生态效益分析　银杏工程不仅经济效益和社会效益显著，生态效益也十分明显，主要表现在下列几个方面：

（1）充分利用土地、阳光、水分等资源，降低空气污染，制造新鲜空气，缓解全球气温上升效应，改善人类生存环境和农作物生长的小气候，促进生态良性循环。

（2）银杏为世界孑遗植物，发展银杏有利于保护植物种源。

（3）在水土保持和涵养水源等方面有巨大的间接效益，是多功能防护林工程的一个重要组成部分，客观上加快了多功能防护林工程的建设，也符合长江汉水小流域综合治理总体规划。

如火如荼的基地开发

银杏基地开发的三个阶段

1．庭院银杏试验示范阶段　从1984年开始，市科委在王义贞镇杨港村进行了农户庭院矮密早丰银杏园试验示范，以王代水、郭定炎、郭泽贵为代表的试验农户13户，总面积13亩，试验的成功为后来王义贞镇乃至全市各地庭院银杏发展起到了重要的推动作用。

2．岗地银杏定植和育苗初始阶段　20世纪90年代初，全市开始在部分岗地连片定植银杏，市直部门和部分农户开始银杏育苗。到1993年，建成百亩以上的银杏基地有万亩岭、武马岭、长架山等地，千亩以上的有十八里大庙。

3．银杏育苗和栽植高潮阶段　从1994年开始，全市实行 “三个一起上”，即：城市乡村一起上，基地庭院一起上，定植和育苗一起上，一大批岗地、庭院千亩连片银杏定植园、平原地带千亩银杏采叶园和百亩连片银杏苗圃相继建成，并在道路、学校、城镇、机关遍栽银杏，到1999年银杏定植株数由1993年的51万株一跃发

王义贞镇桠子岗千亩银杏基地

展到7 000多万株，银杏育苗发展到3 000多亩。

遍地开花的“五大工程”

1．一户一亩银杏园——小康主体工程　以乡村为单位，实行统一规划，统一投工，推磨转圈，整体推进，连片改造农户庭院次生林，建设银杏定植园。到1999年，全市农户银杏庭院发展到7.5万户，4万多亩。

2．一村百亩银杏园——村级组织凝聚力工程　针对村级集体经济簿弱、不少村集体负债、无人管事、无钱办事的现状，市委、市政府把发展银杏作为村级集体经济的一条重要途径，利用集体荒山荒岗荒滩和机动地，建立银杏园。全市387个行政村中，已建银杏园的有150多个，王义贞镇彭畈村1996年冬建园60亩，提出了“一年建园打基础，两年发展一百亩，三年全村免提留”的奋斗目标，从1997年到1999年的3年里，已创纯收入26万元。

3．一乡千亩银杏园——乡级财源建设工程　把银杏作为乡镇财源建设重点，通过以乡镇为单位统一组织开发连片基地，兴办龙头企业，从生产环节征收特产税和从加工流通环节纳税，拓展乡镇财源。到1999年，全市以乡镇为单位已开发千亩连片银杏基地30多处。1994年夏，王义贞镇率先在星火岗以每亩20kg炸药300多个标工，建设“梯田石墙化，道路砂石化，路边渠硬化，绿化带花园化”的“四化”高标准千亩连片银杏基地。到1999年，该镇共开发千亩连片银杏基地7处。1999年，该镇来自银杏税收达111万元，占财政收入的30.8%。

4．部门全面参与——示范服务工程　全市第一个参与银杏开发经营的是市农

上图：安陆市第一高级中学校园银杏 （易家镜 摄）
下图：安陆市林业局机关银杏（易家镜 摄）

安陆市城区解放大道银杏行道树 （潘小平 摄）

安陆市城区街道银杏行道树

业局果茶研究所，该所于1986年建立银杏采穗圃，后着手进行银杏苗木生产经营，1993年冬建立了全省第一个优质银杏苗木基地。1995年以后，部门参与银杏开发更为火热，市委办公室、市政府办公室、林业局、水利局、农业局、农机局、农村能源办公室等部门相继到棠棣镇河德平原地带租地建银杏采叶园、苗圃1 400多亩。1997年，市直78个局级单位到十八里大庙租地建起5 000亩银杏定植园，市粮食局、林业局、财政局等单位还在北城的雷庵、护国、巡店的沙洲、武马岭、南城的长架山、雷公的许家庙、四架山等地租地租山场建起了银杏园。各乡镇处部门也全面参与了银杏基地开发。部门参与银杏开发，使部门的技术、资金和信息与农村的土地劳动力资源优化配置，产生了良好的示范效应。

5．以银杏为主要树种——绿化、美化、净化工程 1994年冬开始，银杏作为主要树种，批量进入城市街道、集镇、学校、机关和公路干线。城区的太白大道、解放大道、汉丹路以及所有机关、学校栽上了银杏树，316国道、安京线、安花线、安赵线、安三线、安周线、应信公路等通往乡镇的公路干线栽上了银杏，60多个集镇栽上了银杏，全市所有中小学校栽上了银杏。

全新的开发机制

1995年，王义贞镇党委、政府一改多年来集体开发林果基地“包打天下”的作法，实行乡村统一规划设计，统一投工整地，统一栽培模式，统一抗旱、治安、技术和产品加工经营服务，农民分户投入，分户经营，分户受益的统分结合的经营机制。1996年，市委、市政府在全市推广了王义贞镇的经验，在银杏基地经营机制上掀起了一场改革高潮，使农户成为投入和经营的主体，大大增强了开发经营活力。

方兴未艾的加工业

已开发的项目

1. 银杏干青叶

原材料条件 银杏品种：安陆梅核类、马铃类。银杏采叶园的银杏鲜叶感观标准：叶色青绿，有银杏清香味，无枯黄叶及其他杂物。

工艺流程 ①鲜叶→分选→洗涤→干燥→包装。②鲜叶→分选→洗涤→干燥→粉碎→包装。分选：每年10月上中旬采摘银杏鲜叶，收集起来后进行分选，剔除树枝、石块等杂物及腐烂叶。洗涤：用清水反复清洗2～3次，洗净后滤干水分。干燥：将银杏叶均匀放入带式干燥机内进行干燥，干燥温度在70°C左右，干燥至含水率大约6%。

2. 银杏叶干浸膏

原材料条件 银杏品种：安陆梅核类、马铃类。银杏干青叶有效成分平均组成：黄酮甙1.3%，内酯0.35%。银杏干青叶的感观标准：叶色青绿，手捏即碎，有银杏之清香味，无霉变及其他异味。

产品技术指标

项　目	指　标
色　　状	浅棕色粉末
气味及滋味	银杏固有特征香味，味苦
总黄酮含量	> 24%
总内酯含量	> 6%
干 燥 失 重	< 3.0%
含　砷　量	< 3mg/kg
重　金　属	< 10mg/kg
炽 灼 残 渣	< 2.0%
细 菌 总 数	< 50个/g
霉 菌 总 数	< 50个/g
大 肠 杆 菌	不得检出

工艺流程

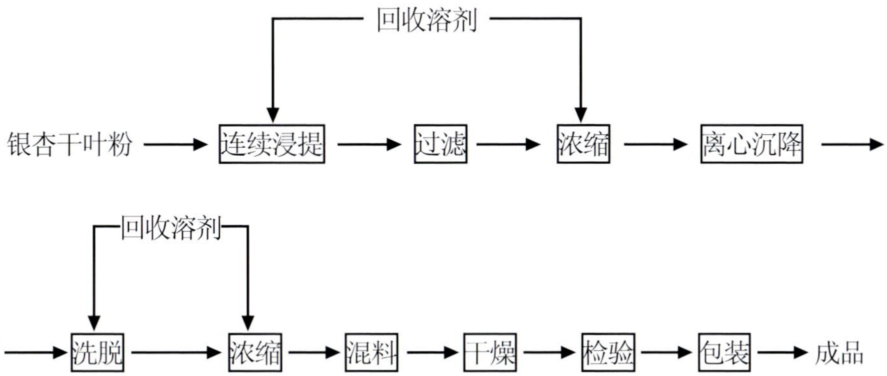

本工艺采用中国林科院林产化学工业研究所研制的生产技术。该技术经过实验室小试和小试鉴定，并在原林业部林化工程中心通过中间试验，工艺成熟，达到生产能力和质量的要求。

产品以银杏干青叶为原料（从本地银杏叶烘干厂购置），经有机溶剂工业酒精浸提得提取液，然后经过滤、浓缩工序得银杏叶提取物粗品，粗品经离心沉降后送吸附塔进行精制，物料在吸附塔中经树脂选择吸附，然后用酒精洗脱得富含黄酮、内酯的物料，最后经浓缩、干燥、包装等工序得到银杏叶提取物干粉（成品）。

3. 银杏叶片（成药）

原材料条件　主要原料：银杏标准提取物(GBE)。银杏叶提取物成分组成：总黄酮≥4%、内酯≥6%、银杏酸 < 10mg/kg。

产品技术指标

项　目	指　标
色　　状	绿色椭圆形片剂
总黄酮甙含量	≥14.4mg
含 砷 量	< 3mg/kg
重 金 属	< 3mg/kg
干 燥 失 重	< 3.0%
细 菌 总 数	< 100/g
霉 菌 总 数	< 50/g
大 肠 杆 菌	不得检出

工艺流程　辅料、银杏叶提取物→制粒→干燥→压片→检验→包衣→分装→包装→成品。本品经薄膜包衣后，具有较优美的外观和良好的贮存性能。与市售同类产品相比，该品种主药成分含量高出50%，具有良好的抗衰老和对心脑血管的保健作用。

4. 银杏饮料

原材料条件　银杏品种：安陆梅核类、马铃类等。银杏叶有效成分平均组成：黄酮甙1.3%，内酯0.35%。银杏干青叶的感观标准：叶色青绿，手捏即碎，有银杏之清香味，无霉变及其他异味。

产品技术指标

项　目	指　标
感　观	淡黄褐色、清澈透明，具有银杏特有气味和风味
净容量（ml）	250.0
总糖(g/100ml)	8.0～8.6
总酸(g/100ml)	0.06～0.07
总黄酮(mg/100ml)	65～70
铜(mg/kg)	< 1.0
铅(mg/kg)	< 1.0
砷(mg/kg)	< 0.5
大肠菌群(个/ml)	< 3
细菌总数(个/ml)	< 90
致病菌	不得检出

工艺流程　银杏干叶粉碎料→提取→脱苦→过滤→调配→罐装排气→灌装、封罐→杀菌、冷却→擦罐、喷码→包装→成品。提取工序：加20倍于银杏叶的水放入多功能提取罐中进行浸提，共浸提5次，然后合并。脱苦工序：用BH-6型复合脱苦剂脱苦，45°C保温，搅拌40分钟。调配工序：适当加入工艺用水、糖、酸及多种食品添加剂进行调配，以致风味独特、诱人。罐装排气工序：条件7×10^4Pa～8×

10^4Pa，30～50°C。杀菌、冷却工序：采用卧式杀菌锅，温度100°C，时间10分钟，然后淋水冷却至37～38°C。

5.银杏王酒

原材料条件 银杏叶干浸膏：达到该产品技术指标。银杏种仁：保鲜好，无霉变。酒基：优质大籼酒。

产品技术指标

感官要求

指标名称	要　求
色 泽	微黄色
香 气	具有特殊药香、酒香，且香味协调
口 味	入口绵，味醇和
风 格	具有银杏药香、酒香的典型风格

理化指标(按44°计算)

项　目	单　位	范　围
酒精度(20℃时)	(V/V%)	38～45
总酸(以乙酸计)	g/L	0.50～1.70
总酯(以乙酸乙酯计)	g/L	≥2.00
糖度	%	≤8.0

卫生标准(按44°计算，6.0%白酒标准)

项　目	单　位	指　标
甲　醇	g/L	≤0.40
杂 醇 油	g/L	≤2.00
铅(Pb计)	mg/L	≤1
锰(以Mn计)	mg/L	≤2

6. 银杏保健茶

（1）炒制茶

原材料条件 银杏采叶园的银杏叶，无病虫害，无破损，以成叶至变黄前采集为好。

产品质量特点 外形：条索紧匀，叶色暗绿。内质：银杏清香，汤色黄绿，滋味爽口，叶底匀净。

工艺流程 银杏鲜叶→摊晾→杀青→清风→揉捻→搓团→摊晾→干燥→包装→成品。杀青工段：利用高温可迅速破坏酸活性，制止了分类酶氧化，保持清汤绿茶的特点。杀青过程要防止闷黄，至叶质柔软，富有弹性，显露清香时为止。揉捻工

湖北午时药业股份有限公司部分银杏医药产品 （易家镜 摄）

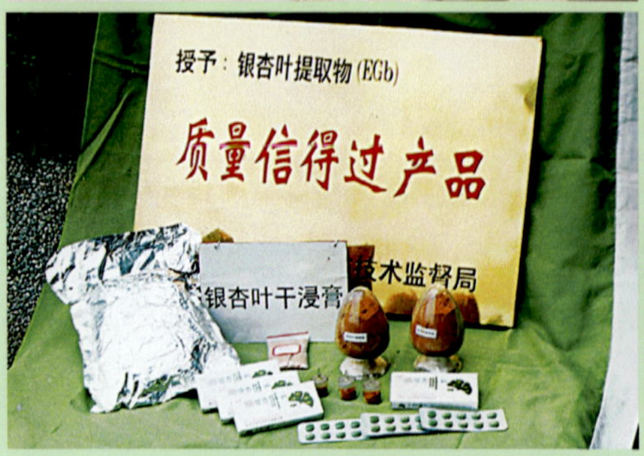

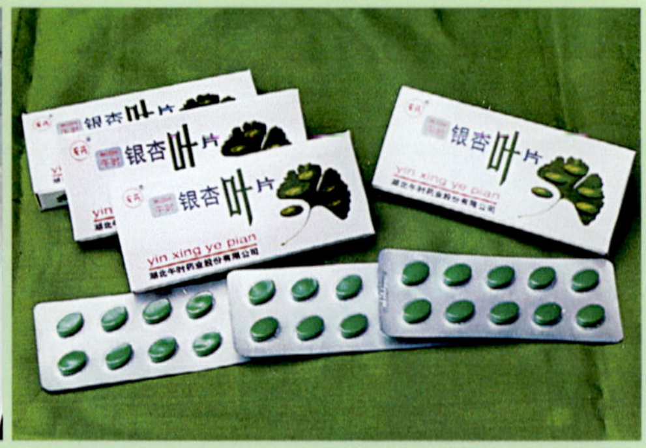

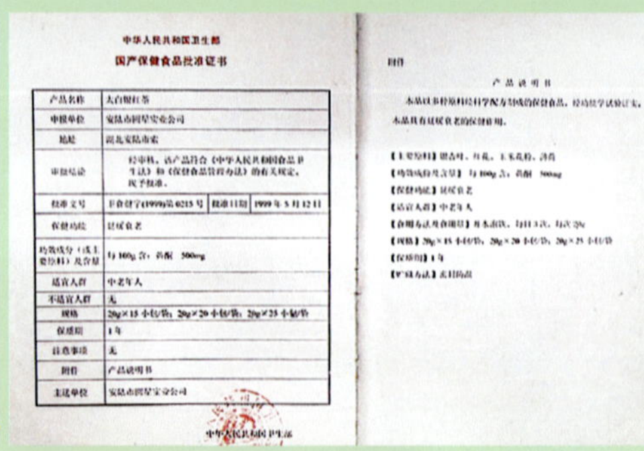

湖北省安陆市长生树保健品有限公司生产的“太白银红茶” （潘小平 摄）

银杏系列产品

湖北省安陆市长生树保健品有限公司银杏系列产品 （潘小平 摄）

湖北省安陆市天宇保健品有限公司银杏系列产品（天宇公司提供）

段：清风凉透的叶片加入揉捻机内，达到使叶子成条，叶汁外溢，解散团块为宜。干燥、包装工段：摊晾后进一步散失水分，同时固色定形，发展香气。干燥至茶条一折即崩断，手捻成末时结束。干燥后的银杏叶进行筛分处理后，用成品专用复合袋包装贮藏。

（2）复方茶

原材料要求　银杏采叶园的银杏干青叶，品质正常、无霉变、无异味。除优质银杏叶、配制中药材外，不得含有其他非茶类植物，不着色，不添加任何香味物质。

感观指标　形态：粉末状。气味：有银杏叶特有香味；银杏菊花茶另有菊花香味。色泽：黄绿色。口感：口味纯正，略带银杏黄酮涩味。

理化技术指标

项 目 名 称	指　标
水分，%(m/m)	≤9.0
总灰分，%(m/m)	7.5
水浸出物，%(m/m)	≥25.0
粗纤维，%(m/m)	≤20.0
水溶性灰分(占总灰分)，%(m/m)	≥40.0
水容性灰分碱度，(以KOH计)	1.0～3.0
总黄酮，%(m/m)	≥0.5
六六六，(mg/kg)	≤0.2
滴滴涕(DDT)，(mg/kg)	≤0.2
铅(Pb), (mg/kg)	≤2
铜(Cu), (mg/kg)	≤60
酸不溶性灰分，%(m/m)	≤1.0
银杏菊花茶中菊花，%(m/m)	≥30

工艺流程　优质原料→精选→脱水→粉碎→辅料→混合搅拌→消毒→检验→内袋包装→外袋包装→盒包装→自动打码→塑料收缩包装→成品。本工艺采用同济医科大学的生产技术，以5年生银杏采叶园优质银杏叶为主料，配制优等中药材为原料，通过精选，经专业机械粉碎，然后技术配料混合搅拌，经杀菌消毒，通过严格检验，经机械自动装袋、包装等工序得到纯天然银杏系列茶（成品）。

1998年荣获湖北名优特新产品展销会金奖，1998年荣获中国国际食品博览会“中国市场名牌产品”，1999年中国国际农业博览会认定为“湖北名牌产品”。

7. 银杏香枕

原材料条件　以银杏叶为主，辅以名贵中药材作配置物另加填充料（四孔螺旋纤维），应用缓释技术的清香型或果香型香枕。

产品技术指标

型　号	规格：长、宽、高(cm)	药物配置量(g)	填充料(g)
通用型	75×45×10	60	700
儿童型	50×30×5	40	300
青年型	60×40×8	60	500
夫妻型	73×42×10	60	700
老年型	73×42×10	60	700
颈椎方枕	50×25×10	60	800
颈椎圆枕	直径16高50	40	450

工艺流程

药袋→配料→装袋 —装入→ 枕芯制作→封口→枕套→包装→成品

纤维开松 —装入→ 枕芯制作

本工艺由湖北中医学院同安陆银杏保健公司共同研制开发，产品属当时国内独具特色的最新高科技产品、专利产品。

1997年荣获湖北工业精品展销会金奖。

8. 千年银杏枕

原材料条件　以银杏叶为主，辅配桑叶、药菊等8种名贵中药材和填充料。千年银杏枕感观指标：有银杏及中药材清香味，无霉变及其他异味。

工艺流程　银杏叶等中药材→精选→脱水→干燥处理→混合搅拌→装药装袋→封口→上拉链→海绵垫→枕套→包装→成品。

9. 千年银杏被

原材料条件　以银杏叶为主料，配辅中药材构成药袋。填充料桑叶、蚕茧。千年银杏被感观指标：有银杏及中药材清香味，无霉变及其他异味。

工艺流程　药袋制作→药料配制→混合搅拌→装药袋。建桑叶园→养蚕→蚕茧烘烤→工艺抽丝→织被→包装→成品。

10. 银杏开心果

原材料条件　银杏品种为安陆糯甜梅核类、马铃类。每千克700粒，大小均匀，表面干净洁白。

感观指标　①外壳均匀开口；②口感松脆甘甜，略有银杏固有的苦味；③银杏特有的清香；④有洁白的外观；⑤空壳比例不得超过5%。

工艺流程　精选优质银杏果→缩水→开口→去杂→配置浸泡液→浸泡→风干→烘焙→入味→微波烘干→分拣→计量→真空包装。

11. 银杏保鲜果

原材料条件 银杏品种为安陆糯甜梅核类、马铃类。同一批次大小均匀无破籽、浮籽。

感观指标 ①色泽黄亮；②颗粒圆润不干瘪，无破碎核仁；③口感微甜略有银杏固有的苦味；④气味清香。

工艺流程 精选优质银杏果→缩水→蒸煮→冷却→脱壳→浸泡→去皮→去杂→分拣→滤干→计量→真空保鲜→包装。

银杏产业化集团公司基本框架结构

随着银杏产业的发展，将按照现代企业管理体制，组建安陆银杏产业集团总公司，总公司下设种植业分公司、加工业分公司及市场部（图2）：

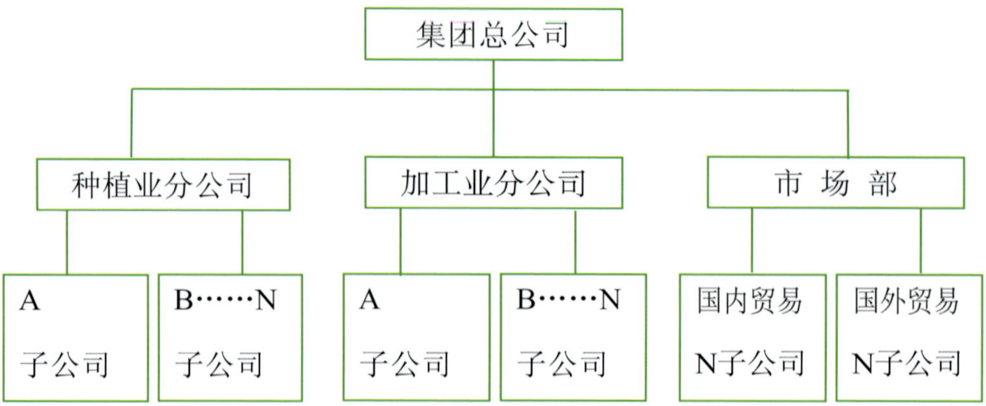

图2 集团公司基本框架结构

悄然兴起的银杏旅游业

近10年来，安陆市委、市政府高度重视以银杏为主体的森林旅游业的发展。已着手将天然银杏群落这一珍稀的自然资源与唐代大诗人李白“酒饮安陆、蹉跎十年”的宝贵人文资源及“全国漫画之乡”的现代文化资源融为一体，构筑安陆旅游业特色。1999年秋，安陆市第一条上等级的旅游公路——白兆山旅游公路建成通车，以白兆山为中心的一批景点也相继建成。悄然兴起的安陆银杏旅游业，已吸引中外游客数十万人次。1999年9月，成功地举办了第一届文化旅游节，标志着安陆这块旅游乐土正式向游人开放。

2000年夏，安陆市政府委托湖北大学旅游学院编制了《安陆市旅游业发展总体规划》。《规划》设计以云雾山天然银杏群落和太平寨原始森林为重点，建设西部生态旅游区。在生态旅游区内，建成银杏森林公园、“幸福银杏”工程、银杏博物馆、天长地久林、银杏茶园等以银杏为特色的景点，使之成为华中地区最大的银杏观赏旅游风景区。

2004年7月，投资3 000多万元，建成从孛畈镇三里店——经太平寨下软脚岭——王义贞镇毛河全长25.68km上等级旅游公路。

2007年4月，投资600万元，建成从王义贞镇毛河——钱家冲陈家塆全长9.8km上等级旅游公路。

2007年12月，投资50万元，对白兆山顶祖师殿旁李白手植千年银杏实施了保护措施，并在山顶新定植9株30年以上银杏大树。与此同时，投资60万元，在城区碧涢路定植20年以上银杏大树450株，对街道行道树进行改造升级。

2009年3月，投资100万元，定植2 200株、胸径12cm以上的银杏树，对王义贞镇袁河——钱家冲下石咀全长13.5km旅游公路行道树进行改造升级。

2009年4月，市政府对钱冲古银杏森林公园景点进行了规划设计。并采取"政府引导，项目整合，多元投入"的办法投资3 000万元，建成从钱家冲陈家塆翻越蜜蜂寨至杨家冲白果树塆 ——周家大塆——周家祠——卢家塆——胜利垱水库全长13.5km上等级旅游公路，将钱家冲和杨家冲的旅游公路循环连接起来；建成10多处旅游景点和星火岗——椏子岗银杏基地水泥道路；使"湖北安陆古银杏国家森林公园"初具规模。

2009年11月18日，"首届中国银杏节"将在"湖北安陆古银杏国家森林公园"隆重开幕，对安陆市银杏旅游业的快速发展定会产生巨大的推动作用。

坚强有力的组织领导

不断深化认识

银杏被列入安陆市各级组织议事日程，始于20世纪80年代中期。从1984～1993年间，银杏被定为安陆市树，进行了矮密早丰银杏庭院试验示范，建立了采穗圃，建立了部分连片银杏基地，嫁接、授粉等技术得到推广，银杏由自然繁衍开始进入计划栽培阶段。

1986年7月10日原安陆县第十届人大常委会第十二次会议决定银杏为安陆县县树。

从1994年起，安陆银杏进入快速发展阶段。1993年冬，市政协领导对王义贞等4个乡镇银杏生产发展情况进行了调查，市委办公室以《领导参阅》转发了他们的调查报告——《关于我市银杏的调查与思考》。

1994年春，市委书记诸星来带领市委分管农业的副书记等有关领导和市委办公室、市直有关部门的负责同志，就安陆农业资源和开发设想进行了为期20天的调查研究，拟出了《关于发展龙型经济、建设亿元工程的实施方案》。《方案》经市委常委会议讨论通过，由市委办公室、市政府办公室于1994年4月26日联合行文，下发全市。《方案》首次提出“突出主导产品，主攻规模经营，发展龙型经济，建设亿元工程”的农业产业化基本思路，把银杏列入全市“十大亿元工程”之一。从当年起，安陆市掀起了有史以来的银杏基地建设高潮。

1996年夏和1997年夏，市长栾春海等领导，分别带领由有关市级领导、市直部门和各乡镇处党委书记组成的考察团，几度赴江苏、山东等地考察银杏产业，进一步加深了对银杏在安陆经济发展中战略地位的认识。考察团在考察报告中，提出了把银杏、黄牛、猪禽渔作为到“九五”末年产值分别过10亿元、利税过亿元的支柱产业来抓，实现“三足鼎立”、“三龙兴安陆”的战略目标。

1997年7月，中共安陆市委三届六次会议通过了《关于加快推进农业产业化的决定》。《决定》明确提出建设30万亩银杏基地和年产100t银杏黄酮、2t银杏苦内酯、2万t银杏烘干叶、1 000t银杏成药和银杏农药等加工项目的目标。

1999年2月，中共安陆市委、市人民政府在《关于1999年农业和农村工作意见》中，把银杏作为发展“一优两高”农业的三大重点之一，提出了“市里抓好李园、十八里大庙、七里河农业现代化试验区三大示范基地和王义贞镇楚天银杏第一镇建设，乡镇办好一个村湾示范点”的示范项目。

2000年2月，市长吴方成在安陆市四届二次人代会上的政府工作报告中，把“以棠棣镇李园、王义贞镇、七里河农业示范区为重点的万亩银杏采叶园基地”列入全市“五大种植基地”之一，提出“把银杏、肉牛发展成为两条巨龙”。

2000年8月，市委书记栾春海在市委四届三次全体（扩大）会议上，提出将“安京公路沿线建成百里银杏产业带，安三公路沿线府城至烟店段、烟店至三里段建成银杏+桃树、银杏+甜柿经济林带，支持王义贞镇建设中华银杏第一镇”的目标。

2004年2月，市委书记吴方成在全市三级干部会议上强调，银杏资源在全省乃至全国具有一定的知名度，要尽快将资源优势转化为经济优势。

2005年2月，市委书记吴方成在全市三级干部会议上要求，抢抓三产业发展机遇，主打银杏牌，加快整合旅游资源，突破性发展旅游产业，进一步加快白兆山、钱冲等旅游景点建设，不断提高全市旅游景点的档次和品位。

2006年2月，市委书记吴方成在全市三级干部会议上提出，把银杏作为全市十大板块经济带之一，下功夫抓突破，抓巩固和发展；要求王义贞镇要以银杏产业为重点，深度开发银杏资源。

2007年2月，市委书记周先来在全市三级干部会议上指出，银杏产业要立足打基础、保优势，以庭院建设为重点推动规模开发，积极支持民营企业家开发钱冲银杏旅游，力争建成4A景区。在7月26日的市委六届二次全体（扩大）会议上再次要求，要打好李白牌、银杏牌、山水牌、红色牌，加快白兆山、钱冲古银杏等重点旅游景区建设，推进旅游产业化进程，下大力把安陆建设成为武汉后花园。

2008年2月，市委书记周先来在全市三级干部会议上提出，加快发展旅游产业，要按照“大旅游、大产业”的思路，建设具有安陆特色的“四山一景”（白兆山名胜区、钱冲古银杏、太平寨古迹、槎山民俗、府河沿岸风景），打造“李白故里·银杏之乡·山水安陆”的城市旅游形象；要大力发展文化产业，着力打造银杏文化等文化品牌，形成特色文化产业群。在7月25日的市委六届三次全体（扩大）会议上又进一步强调，要突出李白文化、银杏生态资源两大特色，加快白兆山名胜区、钱冲古银杏等风景区景点规划建设，提升“李白故里·银杏之乡·山水安陆”的城市旅游知名度和影响力。

2009年2月，市委书记周先来在全市三级干部会议上强调，要积极融入武汉城市旅游圈，主动对接鄂西生态文化旅游圈，加快白兆山、钱冲古银杏等旅游风景区规划及基础设施建设，突出打好银杏牌、李白牌，提升安陆旅游知名度。要认真做好全国第十八次银杏学术研讨会暨中国林学会银杏分会2009年会在安陆召开的准备工作。在7月22日的市委六届六次全体（扩大）会议上，周先来再次强调，要以办好“首届中国银杏节”为契机，加快钱冲古银杏等重点旅游项目建设，整合银杏文化、李白文化、红色文化、漫画文化、生态风光资源，努力打造山水旅游特色。

广泛宣传发动

1994年11月29日，安陆市委、市政府第一个银杏生产专门会议——“安陆市今冬明春栽植250万株银杏树动员大会”在市小礼堂召开，市委书记褚星来、市长李道信、市人大常委会主任赵宽裕、市政协主席曹明高分别讲话，号召全市 “全民动手，广栽银杏，富市富民，造福子孙”。同时下发了《关于全市今冬明春栽植250万株银杏树的实施方案》和 《银杏生产宣传提纲》，全市张贴宣传标语1万多条，固定标语1千多条，市银杏生产领导小组办公室出动2台宣传车到乡镇巡回宣传。此后几年，市委、市政府坚持每年开一次专门动员会，下一个专门文件，推动银杏产业发展。

1996年冬，第一部银杏电视专题片——《来自银杏之乡的报告》与市民见面。

1997年9月和1998年9月，市委、市政府两度举办银杏节，向客商展示安陆银杏开发成果，以银杏搭台，经贸唱戏，开展招商引进活动。并表彰在银杏产业开发中的市内外有功人员，为加快银杏产业开发推波助澜。

第一届银杏节表彰的银杏生产先进个人有：市林业局高级工程师黄永久、市农业局果茶所所长农艺师李德安、王义贞镇星火村党支部书记杨志发、王义贞镇银杏科技示范户彭茂先、王义贞镇银杏生产纳税大户江国雄。

第二届银杏节表彰的发展银杏产业有功人员有谢笔均、沈关心、陈章久、谭文界、欧阳绍湘、欧黎红等专家教授和市林业局局长周乃清、王义贞镇党委书记范庆亮、市交通局局长周宗德、市水利局局长张耀明、王义贞镇农民土专家周守坤、陈店乡银杏育苗大户周太平、李店镇银杏种植专业户郑美珍、湖北午时药业股份有限

安陆市首届银杏节（1997）（杨杉 摄）

安陆市第二届银杏节（1998）（杨杉 摄）

公司银杏分厂厂长罗洪涛、民营企业主周明照、安陆市银杏保健品有限公司经理徐春阳。

2001年4月1日，市委书记栾春海受中国对外友协副会长李小林之托，代表安陆市人民政府赠送30株优质安陆银杏树，定植在北京对外友协机关大院内。借全国对外友协基金会成立5周年大会之机，展示安陆银杏风采。

2009年春，安陆市委、市政府组织摄制的《李白故里·银杏之乡》城市形象宣传片，展示安陆历史自然人文景观，银杏是重要内容之一。从2009年8月起至12月，每天在中央电视台4频道定时播出，共播出150次。

强化领导责任

从1994年冬开始，银杏开发利用成为安陆各级“一把手工程”。市、乡成立了银杏开发指挥部。市指挥部由市委书记、市长挂帅，分管农业的领导具体抓。乡镇处指挥部由四大家包乡镇处的领导任指挥长，乡镇处党委书记、乡镇长、办事处主任任副指挥长。市、乡指挥部的负责同志在负责统一组织指挥的同时，亲自办一个示范基地、一个示范村。市设立银杏生产办公室，负责宣传发动、典型经验推广、示范现场准备、资金筹措、种苗调度。与此同时，全市实行了“四个一”的包村责任制，即一名党政领导成员包一个村、一个乡镇直部门包一个村、一个小康工作队包一个村、一个灭荒（绿化）工作组包一个村。

1998年7月，市委、市政府着眼于把安陆建成“中华银杏第一市”的目标，成立了“安陆市银杏产业化领导小组”，市委书记李道信任组长，领导小组下设办公室，常年负责银杏产业的综合协调工作。市委书记负责全市银杏产业组织领导的同时，还直接分工挂全市银杏产业化龙头企业——湖北午时药业股份有限公司。

2005年12月3日，王义贞镇唐僧村大周家冲庙塆前公路边，由周永新、周守坤管护的一株树高28.4m、胸径1.6m、树龄1 100年的梅核类银杏树（右页图），被武汉海军工程学院通过私人关系买去，移植在其机关大院中。安陆市委、市政府主要领

（易家镜 摄）

导知道后，进行了立案追查，对间接当事人给予了严厉批评。2006年12月11日，安陆市人民政府以安政办发［2006］93号文件转发了《安陆市古树名木保护管理办法》，规定对30年以上银杏树不准随便移植和砍伐。

为了加快古银杏国家森林公园的建设步伐，2009年2月，安陆市委、市政府成立了以市委书记周先来为组长、市长郝章新为第一副组长的由中国林学会举办、安陆市人民政府和中国林学会银杏分会承办的“首届中国银杏节”筹备领导小组，分管农业的领导具体抓。在2009年11月18日的“首届中国银杏节”上，将举行“湖北安陆古银杏国家森林公园”揭牌仪式、银杏文化作品评选、银杏学术研讨会、银杏产品展示展览、经贸洽谈和中国银杏产业联谊会成立等活动。

2009年2月中旬，市委书记周先来带领市有关领导在王义贞镇现场踏看，研究从袁河——钱冲旅游公路银杏行道树的栽植事宜。

2009年3月15～17日，市委书记周先来亲自带领市有关领导和市林业局负责人到国家林业局就申报“安陆古银杏国家森林公园”项目，进行专题汇报。

2009年4月22日，市委书记周先来，市长郝章新带领市四大家领导及有关部门负责人深入钱冲就“安陆古银杏国家森林公园”建设进行现场踏看，研究具体实施办法和措施。

2009年7月26日，市委书记周先来亲自接待国家林业局专家组，对“安陆古银杏国家森林公园”的建设情况进行考察，接受专家组的评审，承诺解决好公园建设中的具体困难和问题。

2009年8月8日，市委书记周先来又带领市有关领导及交通局、民政局、水利局、林业局、国土资源局、规划局、建设局、旅游局、市移动通讯公司、王义贞镇等有关单位的主要负责人深入“安陆古银杏国家森林公园”的旅游公路、新五师革命旧址修复、河道整治、景点步道、会馆广场及多处景点的建设工地进行检查督办。

争取上级支持

市政府办公室、市计委、科委、林业、水利、农业、农机、财政、农行等部门，积极争取上级支持，主动与上级部门联合创办银杏项目。10t银杏黄酮生产线、省政府办公厅银杏采叶园、省科委万亩银杏高产示范基地、省林业厅银杏中心苗圃、省水利厅银杏苗圃和万亩银杏示范基地、省农业厅良种苗木繁育基地等项目先后在安陆安家落户。1997年7月，市政府委托湖北省林勘院对安陆银杏开发进行了科学的规划设计，形成了《湖北省安陆市银杏系列开发总体规划报告》。《规划报告》由省计委主持，邀请有关专家和省、市直部门负责人在安陆评审并获得通过，1998年6月省计委行文批准安陆市银杏系列开发规划工程项目立项。

1989年至1992年的4年间，时任中共湖北省委书记的关广富三度来安陆，深入钱冲考察古银杏群落，向基层干部群众了解银杏生产效益情况，与专门请来的专家一起探讨银杏这一物种悠久的历史和辉煌的未来，高兴之余，他与钱冲的果农在“银杏王”下留了影，并书写“白果之乡”的条幅赠予安陆。

1993年，全省多种经营现场会在京山召开，与会代表在省长贾志杰的率领下参观了湖北省农业厅安陆银杏苗木基地。

1996年元月10日，全省水利系统绿化工作暨推广银杏现场会在安陆召开，会议提出在全省水利系统实施岸边种银杏、水中养银鱼的“两银工程”。1998年以来省水利厅一直支持安陆实施以坡改梯建银杏基地为重点的水土保持工程。

湖北省委副书记杨永良多次来安陆视察银杏生产。1996年9月3日为湖北午时药业股份有限公司10t银杏黄酮生产线建成投产发来热情洋溢的贺电，要求安陆建成“楚天银杏第一市”。

1996年底，全省农村工作会议代表在省委副书记邓国政、副省长王生铁率领下参观了安陆以银杏生产、加工为重点的农业产业化现场。

1997年在省委办公厅、省政府办公厅印发的《湖北省农业产业化重点产业布局的指导意见的通知》中，将安陆银杏系列加工列为全省30家省级龙头企业之一，并分工副省长王少阶联系安陆，具体指导抓银杏产业。

1998年，中共孝感市委书记张昌尔视察安陆银杏后，提出了“大手笔策划，大投入支撑，大老板上阵，大企业带动，大产业扬名”的要求。同年，安陆银杏被列为孝感市农业产业化“三篇大文章”之一。

2000年7月6日，孝感市市长曹世佑一行到安陆调查研究，视察王义贞镇星火岗、埡子岗银杏基地和星火村农民蒋启安银杏庭院后给予高度评价：“近则四年，远则十年，王义贞镇将真正成为中华银杏第一镇”。

多年来，国家林业局、湖北省林业局领导和专业技术人员，对安陆银杏产业给予了鼎力支持、具体指导，促使安陆银杏科研、生产、加工快速发展。2000年3月，国家林业局、中国经济林协会命名安陆为全国“银杏之乡”。

2006年9月，中共孝感市委书记黄关春到安陆调查研究，视察王义贞镇星火岗银杏基地时讲：“安陆银杏存量大，尤其古银杏资源丰富，要加速产业开发，实现强市富民。”

2007年11月起，中国林学会银杏分会主任委员、南京林业大学副校长、博士生导师曹福亮多次来安陆考察古银杏群落和银杏产业化，评价安陆古银杏群落“全国规模最大、群体最集中、树龄最古老、树形最奇美，具有很高的科研价值和旅游开发潜力。”决定全国第十八次银杏学术研讨会在安陆召开，并全力支持、协助安陆申报“湖北安陆古银杏国家森林公园”立项和承办“首届中国银杏节”。

2008年7月3～5日，湖北省人大常委会副主任刘友凡一行来安陆视察，先后考察了王义贞镇钱冲古银杏群落、星火岗银杏基地，召开了专题座谈会，对安陆古银杏保护工作给予充分肯定，强调要在保护好古银杏的基础上，开发利用好银杏资源，发展银杏森林旅游业。

2008年8月上旬，湖北省林业局森林公园管理中心主任朱功良一行到安陆考察钱冲古银杏群落，帮助论证和规划建立钱冲古银杏省级森林公园。

2008年12月30日，湖北省林业局批准安陆建立“湖北钱冲古银杏省级森林公园”。

2009年5月27日，湖北省林业局又组织专家对安陆市林业局申报的“湖北安陆古银杏国家森林公园”项目进行评审；6月2日，向国家林业局呈报了“设立湖北安陆古 银杏国家森林公园的请示”；6月28日，委派森林公园管理中心主任朱功良协助安陆到国家林业局汇报“湖北安陆古银杏国家森林公园”立项工作。

2009年7月6～8日，国家林业局场圃总站总工程师、森林公园管理办公室副主任张健民和森林公园管理办公室处长俞晖率领北京师范大学教授李晓文、华南师范大学教授徐颂军，在湖北省林业局副局长董祚华、植树造林处副处长郭西龙、森林公园管理中心主任朱功良和孝感市林业局局长柳育儒的陪同下，对安陆钱冲古银杏群落、太平寨原始森林和白兆山景区进行考察和评审。

2009年7月31日，国家林业局发出了《国家林业局关于准予设立安陆古银杏国家级森林公园的行政许可决定》，准予设立安陆古银杏国家级森林公园，并定名为“湖北安陆古银杏国家森林公园。”

中国林学会决定，2009年11月18日在安陆举办“首届中国银杏节”。

1991年9月下旬，在安陆市召开的全国“中国银杏”学术研讨会暨专业研究会筹备会。（李顺亨 摄）

1991年10月11日，湖北省委书记关广富（前排右一，柱棍用手指者）一行，在安陆市委书记蔡本训（二排右五）的陪同下，考察王义贞镇钱冲古银杏群落。（李顺亨 摄）

1993年7月，安陆市委书记诸星来（右二）陪同著名经济林学家、华中农业大学教授、博士生导师章文才（右三）考察钱冲古银杏群落。（卫保群 摄）

1997年4月，湖北省委书记贾志杰（左一），省委常委、副省长王生铁（中）率地市州领导考察安陆银杏基地。（仰明复 摄）

1998年5月初，湖北省委副书记杨永良（左三），省人大副主任（原孝感市委书记）张忠俭（左二）考察安陆银杏产业化建设。（卫保群 摄）

1998年5月下旬，安陆市委书记李道信（前左一）、市长栾春海（后左一）向孝感市委书记张昌尔（前中）汇报银杏基地建设情况。（杨杉 摄）

湖北省直有关部门先后在安陆建立银杏基地。（顾晓庆 摄）

2007年11月下旬，安陆市委书记周先来（左三）向中国林学会银杏分会主任委员、南京林业大学副校长、博士生导师曹福亮（左二）介绍安陆古银杏资源情况。（潘小平 摄）

2009年7月6～8日，国家林业局领导、专家来安陆考察湖北安陆古银杏森林公园建设情况。（潘小平 摄）

2009年7月6日，安陆市委书记周先来（左四）等领导陪同国家林业局场圃总站总工程师、森林公园管理办公室副主任张健民（左五）专家组一行，实地考察湖北安陆古银杏森林公园建设情况。（潘小平 摄）

2009年8月4日，安陆市市长郝章新（右一）同市建设局、规划局人员一起现场研究“安陆古银杏国家森林公园”银杏广场及展厅建设事宜。（王春雷 摄）

第七章
安陆银杏与银杏文化

银杏文化是中国传统文化的一部分，本章拟从浩繁的史料中抉微索隐，弄清银杏名称的由来和演化及银杏的文化价值内涵，同时还不遗余力地搜集了历代文人笔下和流传在安陆地区吟咏银杏的文艺作品。

历史文献中有关银杏的记载

由于科学技术和人们对银杏认识方面的原因，历史文献中关于银杏的记载极少。如果“枰”即“平仲”，亦即银杏的观点能成立，那么早期文字记载也只能追溯到汉代司马相如（前179～前117年）的《上林赋》和西晋左思的《吴都赋》。《上林赋》中记有“华枫枰栌”、《吴都赋》中记有“平仲桾梃”。司马相如和左思是我国历史上的两位文学大家，以擅写辞赋著称，而辞赋的特点是竭尽铺陈。他们在文章中所描写的只是银杏的形体之美，即所谓“长千仞，大连抱”（《上林赋》）。初唐时期，仅见有沈佺期诗中“芳春平仲绿，清夜子规啼”之句。银杏这一名称的首次出现，大约见于唐代药学家陈藏器的《本草拾遗》一书。据明代张自烈（一作清廖文英）《正字通》载：“唐代陈藏器的《本草拾遗》谓银杏即平仲，不知确否。”陈藏器是唐代四明（今浙江鄞县）人。开元中，任过三原县尉。他见前人所编《新修本草》中遗漏药物很多，遂搜集前人本草及有关文献，编成《本草拾遗》。可惜的是，原书已佚，部分内容我们只能从《证类本草》中查到。

北宋初年，有关银杏的记载开始增多。据宋人阮阅《诗话总龟》载，京师旧无鸭脚树，附马都尉李和文自南京移植于其第。据考证，李和文即李遵勖。李遵勖（998～1038）是北宋著名将领，字公武。大中祥符年间（1 008～1 016）尚太宗女随国长公主，授左龙武军将军，附马都尉。累迁宁国军节度使，并任过许州知州。另据清厉荃《事物异名录》转引《琐碎录》：“北人称为白果，南人称为灵眼，宋

白兆山主峰图 （潘小平 摄）

初入贡改为银杏。”对于银杏记载最详尽大概要数北宋诗人欧阳修（1007～1072）和梅尧臣（1002～1060）的诗歌唱和。欧阳修既是文学家又是朝廷史官，他用诗歌的形式把银杏命名的来源和自南方向当时的京都开封引栽的情况记述得十分清楚。梅尧臣是安徽宣城人，宣城古称宛陵，盛产银杏，因而他在诗中对于银杏的栽培目的、结果的时间、种子的形态等均作了生动描述。稍后一点有宋代陈景沂的《全芳备祖》一书，书中收录有前人大量关于银杏的诗歌。这本书在国际上被誉为“世界最早的植物学辞典”。

元代李杲（1180～1251）所著《食物本草》和吴瑞的《日用本草》中记有“白果”之名。元至元十年（1273）官修颁订的有《农桑辑要》一书。全书七卷，分典训、耕垦、播种、栽桑、养蚕、瓜菜、果实、竹本、药草、孳畜十门。大致以《齐民要术》为蓝本，删去了今古忌宜及琐屑繁芜迷信荒诞的内容，杂采他书之长编纂而成。这本书对银杏的栽植时间、方式、方法讲述得十分详尽。元代还有一位农学家叫王祯，贞元元年至大德四年（1295～1300）间。他在永丰作县尹时，提倡种植桑棉，撰有《农书》37卷，书中记载了银杏的栽培技术。

明代研究银杏卓有成效者首推著名植物学家、医药学家李时珍（1518～1593）。他是湖北蕲春人，长期上山采药，深入民间，参考历代医学及有关书藉800余种，对药物进行鉴别考证，纠正了古代本草书籍中药名、品种、产地等错误之处，并收集整理宋元以来民间发现的许多药物，经过二十余年努力，著成《本草纲目》。书中对银杏的形态、授粉、嫁接等均作了详尽记述。明代还有王象晋的

唐代大诗人李白在白兆山顶祖师殿旁手植的银杏树（潘小平 摄）

《群芳谱》，汇集了以往各种典籍的经验，对银杏的栽培措施讲得至为详尽。王象晋是明代山东新城人，万历年间（1573～1620）进士，官至浙江左布政使。这种既是学者又是朝廷命官的人推崇银杏对于银杏栽培技术的推广无疑会起到十分重要的作用。

到清代，尚有陈扶摇的《花镜》（1688）、吴其睿（1789～1847）的《植物名实图考》等传世，这些都是研究银杏不可多得的参考书籍。

银杏名称的由来和演化

弄清银杏名称的演化过程是一个很有价值的命题，它对于了解银杏发展的文化背景、考察银杏的栽培历史具有重要意义。令人遗憾的是，在我国早期的一些经典著作中却缺乏记载。自宋代以来，虽不乏学者精心考证，但始终未能得出准确的结论。明代李时珍在他著名的《本草纲目》中也只是考证了宋代的称呼，对于宋以前的情况也不甚了了。笔者认为，银杏的经济价值、文化价值那么高，就不可能不在历代文人墨客的诗词书画中留下痕迹。

按西汉辞赋家司马相如的《上林赋》："沙棠栎槠，华枫枰栌。"李善注引郭璞曰："枰，平仲木也"。又，晋左思《吴都赋》："平仲桾梃，松梓古度。"郭璞是东晋著名文学家、训诂学家，李善是唐代著名学者，均以学识渊博名世。他们认为"枰"即"平仲木"，虽未直接说其果就叫银杏，却肯定了它的果实色白如银。值得注意的是，在李善所注的树木中，竟没有一种其他树木是“实白如银”的（见梁萧统《昭明文选》)。因此“枰”即“平仲”，亦即“银杏”的观点大致是可以成立的。此外，初唐诗人沈佺期诗中也有“芳春平仲绿,清夜子规啼”之句。由此,我以为西汉以前，银杏之名为“枰”，自晋乃至唐代称“平仲”。明清之际的思想家、科学家方以智在他的《通雅 · 植物》中则直接说：“平仲，银杏也。”

到了宋代，平仲则改称银杏。宋阮阅的《诗话总龟》载：“京师（开封）旧无银杏，附马都尉李和文自南方来，植于私第，因而着子，自后稍稍蕃多，不复以南方为贵。”明人王象晋的《群芳谱》中也有类似记载，只是附马之名为“王和甫”，未知孰是。不管附马之名如何，有两点是勿庸置疑的：一是宋代即已有“银杏”之名；二是自宋代始银杏才从南方传入京师。明代李时珍则说得更为具体：“白果，鸭脚子。原生江南，叶似鸭掌，因名鸭脚。宋初始入贡，改呼银杏，因其形似小杏而核色白也。今名白果”（《本草纲目·果部》）。

从以上所引《本草纲目》可知，银杏还有另一个名字，即“叶似鸭掌”，因名“鸭脚”。“鸭掌”、“鸭脚”尚不见唐以前史料，当与“银杏”之名同时并存。银杏还称“公孙树”，关于此名的来历，一说是因银杏结果迟而树龄长，“公植树而孙得实”，因而为名；一说是中华民族的祖先轩辕氏复姓公孙（按《史记·五帝本纪》：“黄帝者，少典之子，姓公孙，名轩辕。”）银杏的寿龄可与轩辕相比，因而誉名“公孙”。

银杏还有些地域性名称，如“灵眼”、“佛指甲”、“佛手柑”、“飞娥叶”、“凤果”等。从字面可以看出，这些名字均与银杏的果子和树叶形状有关。银杏还有个世界通用的学名，即Ginkgo biloba，系由中国梵音“金果”的译音和银杏及瑞典植物学家林奈的英文缩写字所组成。

在我们常见的树木中，恐怕像银杏这样多名的情况不多见。无论是其学名，还是俗称，都反映了银杏在一定历史时期或地域的文化内涵。

银杏的文化价值

银杏文化的内涵还表现在多方面的利用价值方面。银杏的高洁典雅是“德”，利用价值是它的“才”。它德才兼备，所以古人对他十分钟情。汉许慎《说文》：“枰，平也。”清段玉裁注：“谓木器之平称枰。如今言棋枰是也。”“枰”，从平，古文的“平”字就像天平形。而“仲”是一种古乐器名。《尔雅·释乐》：“大籥谓之产，其中谓之仲。”又据《字汇》：“仲，乐器。”由以上引证可知，“枰”即“平”，而“平”即“枰”，“仲”是乐器名。特别令人玩味的是，古人不仅多以“平仲”取名，而且还将“平仲”同“准”字相联，如宋代政治家寇准，即字“平仲”，明代任过工部主事的范准，亦字“平仲”。因此，我很怀疑古代是以银杏树作秤和一种叫“仲”的乐器。由于银杏木材纹理直，结构匀，质地细而软，因此是作高档家具和文化用品的好材料。据载，北宋金殿中皇帝的座椅就是银杏木做成的。岳飞为江苏泰兴“延佑观”题字的匾额也是选用的银杏木。《元史·舆服志》还载：“笏制以牙上圆下方，或以银杏木为之”。元朝大臣中执象笏者30人，而执银杏笏者170人。近年来，银杏的文化价值在各方面的体现越来越充分。各地以银杏命名的情况随处可见。日本的京都、神奈川县、大阪府将银杏定为都树、县树、府树。法国、朝鲜、美国均有银杏街。中国的山东烟台市、莱阳市均有以银杏命名的街道。安陆市、成都市、丹东市、荣成市皆以银杏为市树。据山东、湖北等12个省（自治区、直辖市）统计，以银杏（或白果）命名的村庄有26处，每个省（自治区、直辖市）都有一个或几个“银杏之乡”。

关于银杏的药用、食用价值在各种药膳书中已有详细记载。近些年来，全国各地已挖掘整理出数十种传统银杏菜肴，如“银杏鸡花”（四川）、“白果鸡丁”（上海）、“糖溜白果”（广东）、“白果仁蒸饼”（天津）等。特别是孔府宴中的“诗礼银杏”，已经很紧密地把“银杏文化”同“饮食文化”结合在一起了。孔门五十三代“衍圣公”孙建有“诗礼堂”，堂前植有两株银杏，孔府请客总要以银杏作菜，名曰：“诗礼银杏”。至于银杏的药用价值范围更是十分广泛。《本草纲目》中说，（银杏）生食引疳解酒，熟食益人。熟食温肺益气。定喘嗽，缩小便，止白浊。生食降痰，消毒杀虫。李时珍举银杏可以治疗近二十种疾病。《群芳谱》中还记载，银杏感阴阳之妙，其树耐久，肌理白腻，术家求刻印符，能召使鬼神，保人平安。这虽是术数家之言，但也可以理解为一种广义的银杏文化。

从观赏价值的角度讲，银杏文化更是中国传统文化中不可分割的一部分。一般说来，全国各地名山大川、古刹寺庵中的银杏都有着一定的历史文化背景。据《湖北通志》（1921年版）载，仅湖北就有两处银杏寺，一在竹溪，一在监利，都是清以前的寺庙。山东莒县浮来山定林寺，是南朝文学理论批评家刘勰晚年和慧震撰经的地方，寺前那棵千年银杏下的“象山树”三个字据说是刘勰撰写的。河南光山县净居寺是苏轼筑台读书处，他曾对那里的银杏留下了“一树擎天，圈圈点点文章”的赞语。湖北安陆的白兆山顶上那棵千年银杏，相传即为李白亲手所栽。历代文人寻李白足迹，在那棵银杏树下留下了大量脍炙人口的诗篇。由此可见银杏同中国传统文化有多么深厚的渊源关系。下面谨摘录几则药用药膳偏方以供读者参考。

1. 白果调蜂蜜治咳喘

［来源］北京科学技术出版社《偏方大全》

［用料］白果（银杏）20g，蜂蜜适量。

［制用法］将白果炒干去壳，取仁加水煮熟，捞出装入碗内，加蜂蜜调用。一次服食。

［功效］益肾固肺，滋阴润燥。用于治疗支气管哮喘，老人体虚气喘，肺结核咳嗽等。

2. 生菜油浸白果治肺结核

［来源］北京科学技术出版社《偏方大全》

［用料］白果、生菜油适量。

［制用法］用生菜油浸泡白果100天以上。每日早、中、晚各吃一粒（去壳）。儿童酌减。本品味甘苦微涩，有小毒。不可过量。如服后身上出现有红点时，则应暂停，待红点消退后继续服用。

［功效］温肺、收敛、镇咳、袪痰。用于治肺结核，有较好疗效。

3. 鱼肝油浸白果仁治肺结核

［来源］北京科学技术出版社《偏方大全》

［用料］鱼肝油一瓶，白果仁56粒。

［制用法］将鱼肝油倒入罐内，放入白果仁浸泡100天以上。每日吃2次，每次吃4粒，7天为一个疗程。可连续服用几个疗程。

［功效］润肺、定喘、止咳。用于治肺结核之咳嗽、消瘦、乏力等。

4. 白果夏枯草汤治肺结核

［来源］北京科学技术出版社《偏方大全》

［用料］白果仁12g，白毛夏枯草30g。

［制用法］将白果仁捣碎，同夏枯草共煎汤。每日一剂，分早晚2次服下。

［功效］温肺益气。用于治肺结核。

5. 白果叶汤治心绞痛

［来源］北京科学技术出版社《偏方大全》

［用料］白果叶、瓜类、丹参各15g，薤白12g，郁金10g，甘草4.5g

［制用法］共煎汤。每日早晚各服一次。

［功效］宽胸、解郁。治冠心病心绞痛。

6. 冲白果治老年眩晕症

［来源］北京科学技术出版社《偏方大全》

［用料］白果2粒。

［制用法］白果去壳、捣烂，用滚开水冲泡，空腹服。

［功效］用于治头目眩晕，对老年患者有效。

7. 白果龙眼治眩晕

［来源］北京科学技术出版社《偏方大全》

［用料］白果仁3粒，龙眼肉7枚。

［制用法］加水煮汤。每日空腹饮服。

［功效］用于治眩晕、眼黑。

银杏菜肴（刘海发 摄）

8. 烤白果仁鸡蛋治停食腹泻

[来源] 北京科学技术出版社《偏方大全》

[用料] 白果仁2粒，鸡蛋1个。

[制用法] 将白果仁晒干、研末，将鸡蛋用钉子从上端扎个孔，再将白果粉末装入蛋内，将鸡蛋竖在烤架上微火烘烤至熟。去蛋壳食之。

[功效] 健脾理虚，用于治小儿不良性腹泻。

9. 银杏酒糟治赤鼻

[来源] 北京科学技术出版社《偏方大全》

[用料] 银杏（又名白果）3粒，酒糟少许。

[制用法] 银杏去壳，与酒糟共捣烂如泥状。每晚睡前涂鼻，次晨洗去。

[功效] 解毒杀菌，用于治赤鼻。

10. 白果糊治蛲虫

[来源] 北京科学技术出版社《偏方大全》

[用料] 白果适量。

[制用法] 将白果去壳取仁，捣烂成糊状。每晚睡前糊肛门上，连用一周。

[功效] 消毒杀虫。用于治蛲虫。

11. 糖溜白果治咳喘

[来源] 北京科学技术出版社《偏方大全》

[用料] 水发白果150g，白糖100g，淀粉25g，清水250g，碱适量。

[制用法] 将白果去壳，放入锅内加水和少许碱烧开，用炊帚刷去内种皮，捏

去果仁中绿心，装入碗内，加清水，上蒸笼蒸熟；将锅内加清水，放入蒸熟的白果仁、白糖、置火上烧开，撇去浮沫，勾上芡，倒入盘中即可食用。

［功效］定痰喘、止带浊。用于治气虚哮喘、痰嗽、白带、白浊、遗精、淋病、小便频数等。

12. 鲫鱼白果方治肺胀肿

［来源］北京科学技术出版社《偏方大全》

［用料］鲫鱼1尾（约300g重），白果仁适量。

［制用法］鲫鱼去鳞及内脏，洗净，白果仁填满鱼腹，用线扎紧，上蒸笼蒸熟食用。

［功效］温肺益气，利水消肿。用于治肺胀肿。

13. 银杏全鸭利水定喘

［来源］北京科学技术出版社《偏方大全》

［用料］银杏200g，鸭一只（约1kg），猪油500g，胡椒面、料酒、鸡油、清汤、姜、葱、味精、盐、花椒各适量。

［制用法］①将银杏去壳，放入锅内，用沸水煮熟，捞出去内种皮，切去两头，去心。再用开水掸去苦水，在猪油锅内炸一下，捞出待用。②将鸭宰杀除去内脏洗净，剁去头和爪。用盐、胡椒面、料酒、将鸭身内外涂匀后，放入盆内，加入姜、葱、花椒，上蒸笼蒸约1小时取出。拣出生姜、葱、花椒，用刀从鸭背处切开，去净全身骨头，铺在碗内，齐碗口修园，修下的鸭肉切成银杏大小的丁，与银杏拌匀，放在鸭脯上，将蒸盆内原汁倒入。加汤上蒸笼再蒸30分钟，至鸭肉烂熟，即翻入盘中。③锅内掺清汤，加余下的料酒、食盐、味精、胡椒面、淀粉少许勾芡，放入猪油少许，起锅将烧好的芡汁蘸于鸭上，即可食用。

［功效］滋阴养胃，利水消肿，定喘止咳。用于治骨蒸劳热，水肿，哮喘，痰嗽等。

14. 白果清炖鸡固肾补肺

［来源］北京科学技术出版社《偏方大全》

［用料］雏母鸡1只，白果，水发冬菇、冬笋、火腿各50g，盐、味精、料酒、胡椒面、葱、姜各适量。

［制用法］①鸡去毛及内脏，洗净。冬菇去蒂洗净，切成柳叶片。火腿切片，葱切段，姜切片。白果去壳和内种皮。②取砂锅放满清水，将鸡放入，上火烧开，滤去血沫然后放葱、姜、冬菇、冬笋、火腿、白果，用微火烧3～4小时，鸡熟后将葱、姜挑出，下盐、味精、料酒、胡椒面等调料即可食用。

［功效］补肾温肺，益气平喘。适用于肺结核，咳嗽，老人体虚哮喘。

15. 白果粥温肺止咳缩便

［来源］北京科学技术出版社《偏方大全》

［用料］白果10g，粳米100g。

［制用法］水煎白果去渣取汁，入米煮作粥。日食2次（不可用过量。）

［功效］润肺益气，止咳止喘，止带浊，缩小便。治久咳气喘、白带多、遗精、小便频数。

16. 白果粥（1）

［来源］科学出版社《中华药粥谱》

［用料］白果仁10g，粳米100g，白糖适量。

［制用法］先将白果去芯捣烂，再把洗净的米和白果仁同煮成粥。吃时，调入白糖即可。

［功效］敛肺定喘，收涩止带。咳嗽，哮喘，喉中痰鸣。或男子遗精遗尿，女子体虚，月经不调，白带淋漓。

17. 白果粥（2）

［来源］科学出版社《中华药粥谱》

［用料］白果50g，粳米250g，腐竹50g，精盐、麦片各少许。

［制用法］白果去壳，切开两边，去掉果中绿心。粳米洗净，以少计盐拌匀。腐竹浸软撕碎。白果、米、腐竹放进开水锅里同煮。半小时后，用纱布包一小包麦片，像茶叶包一般用线系之，放进锅里，再煮半小时，待粥煮好后取出整包的麦片渣即可食用。每日早晚温热服用。（有实邪者禁服）。

［功效］敛肺止喘，收涩止带，滋阴固肾。咳嗽、哮喘、喉中痰鸣。或遗尿，男子遗精，女子月经不调，白带淋漓。

18. 白果莲肉粥

［来源］科学出版社《中华药粥谱》

［用料］白果10粒，芡实30个，莲子30g，粟米30g。

［制用法］白果去壳去芯。然后将芡实、莲子、粟米一起加水煮成粥。每日一次。10日为一个疗程。间歇服4个疗程，（实证热盛，湿热下注忌用）。

［功效］健脾补肾，因涩敛精。用于脾肾不足引起的男子遗精、滑泄，女子带下，泄泻。

白果莲肉粥味甘平和，宜长期服用。

19. 猪小肚白果粥

［来源］科学出版社《中华药粥谱》

［用料］粳米250g，猪小肚（尿胞）一个，白果150g、马蹄（荸荠）4个，盐、油、葱各适量。

［制用法］将米洗净，用少许盐拌匀。锅内清水烧开后下米煮。白果去壳、去内种皮、去心；马蹄切成片，先把白果、马蹄放入粥内煮。再把猪尿胞（小肚）除去油脂，剖开，用少许盐，生粉揉搓，冲洗干净后，在沸水内烫一烫，捞出放在

清水中洗一次，切小件，放于粥内同煮。食用时可撒入葱粒调味。每日早晚温热服食。3～5天为一疗程。

[功效] 收涩止遗。用于男子遗精滑泄，女子赤白带下，小儿夜间遗尿。

20. 腐竹白果粥

[来源] 科学出版社《中华药粥谱》

[用料] 白果10g，腐竹20g，大米150g。

[制用法] 将腐竹用少许苏打粉加水浸透，并洗净切成小节待用。再将大米洗净，白果去壳，去衣，去心。与腐竹同入适量开水锅内慢火煮熬，烂熟成粥。食用时可加冰糖调味。（注意：白果有小毒，不宜久服）。

[功效] 补脾益胃，敛肺止喘，收涩止带。用于肺脾气虚而致哮喘、痰嗽及带下、遗精、淋漓、小便频数。

历代吟咏银杏的文艺作品

银杏以它雍容富贵的姿态和纯洁无瑕的品质吸引着历代的文人墨客。在我国文化艺术的历史长廊中，有着银杏文化的瑰丽画卷。文人雅士所留下的诗画艺术作品，成为中国银杏文化的重要组成部分，从形式上看，古代文学中的咏银杏之作有诗与赋之别；从内容上看，则又有咏形和咏神之异。咏形之文常见于赋，咏神之作多见于诗。

从目前所见的史料，最早咏银杏之赋有司马相如的《上林赋》和晋左思的《吴都赋》。最早以银杏入诗的是沈佺期。《全唐诗》卷九十六收有他的《夜宿七盘岭》诗，诗中写道："独游千里外，高卧七盘西。晓月临窗近，天河入户低。芳春平仲绿，清夜子规啼。浮客空留听，褒城闻曙鸡。"沈佺期历任武则天朝的通事舍人、给事中、考功员外郎，到中宗继位，因贪污和谄附权贵张易之，被流放欢州。这首诗是他在流放途中所作。诗人巧妙地借助"晓月"、"天河"、"平仲"、"子规"等景物抒发了自己离家千里、只身独游的愁思。七盘山位于陕西汉中县褒城北面，诗人这里为什么偏偏以南方异乡的平仲入诗？这主要因为诗人是因罪外贬，他是以银杏的洁白寄托自己的清白。司马相如在《上林赋》中写的银杏是"长千仞，大连抱"，肯定的是它的木材价值，而沈佺期则是从银杏的内涵出发，发掘了银杏文化蕴意，即超凡脱俗，清白高洁。

宋代，银杏、白果、鸭脚通用，再加上由南方移植京师，并由朝廷赐名，便越发成了诗人讴歌吟唱的题材。欧阳修是北宋文坛的巨擘，竟有两首诗是写银杏的。他写道："鸭脚生江南，名实未相浮。绛囊因入贡，银杏贵中州"（《和圣俞李侯家鸭脚子》）；"鹅毛赠千里，所重以其人。鸭脚虽百个，得之诚可珍"（《梅圣俞寄银杏》）。千里之外能得到友人赠送的百十颗银杏的种子也觉得十分珍贵。可见当时，银杏的用途还不十分广泛，只是作为比较高雅的礼品相馈赠。其他诗人的清词丽句也不少，如“霜林收鸭脚，春网荐琴高”（高庭坚）；“秋盘堆鸭脚，春味荐猫头”（陈师道）；“五百年间城郭改，空留鸭脚伴琼花”（晁补之）。著名诗人梅尧臣的《永叔内翰遗李太博家新生鸭脚》一诗也颇值得一提。“北人见鸭脚，南人见胡桃。识内不识外，疑若橡栗韬。鸭脚类绿李，其名因叶高。吾乡宣城郡，每此以为劳。种树三十年，结子防山猱。剥核手无肤，持置宫省曹。今喜生都下，荐酒压葡萄。初闻帝苑开，又复主第褒。累累谁采掇，玉碗上金鳌。金鳌文章宗，分赠我已叨。岂无异乡感，感此微物遭。一世走尘土，鬓颠得霜毛。”诗人对银杏的观赏价值、药用价值、食用价值写得极为详备。

南宋吟银杏之作亦是随处可见，如“鸭脚叶黄乌臼丹，草烟小店风雨寒”（陆游）；“深灰浅火略相遭，小苦微甘韵最高。未必鸡头如鸭脚，不防银杏作金桃”（杨万里）。金桃，乃唐时西域给大唐王朝的贡品，极为珍贵。杜甫诗中有“麝香眠石竹，鹦鹉啄金桃”句，诗人认为银杏可与之媲美。特别感人的要数南宋女词人李清照《瑞鹧鸪·双银杏》词。“风韵雍容未甚都，尊前甘橘可为奴。谁怜流落江湖上，玉骨冰肌未肯枯。谁叫并蒂连枝摘，醉后明皇倚太真。居士擘开真有意，要吟风味两家新。”词人托物言志，借物抒情，赋予银杏以人的品格，以双银杏自比和喻丈夫赵明诚。首两句写银杏典雅大方的风度韵致，银杏外表朴实、品质高雅，连果中佳品柑橘也逊色三分。三、四句写银杏的坚贞高洁，虽游荡江湖，但仍保持着“玉骨冰肌”的神韵。五六句以并蒂连枝和唐明皇醉倚杨贵妃共赏牡丹作比，写双银杏相依相偎的情态。末两句写银杏果仁的清新甜美以喻夫妇心心相通和爱情常新的美德。这首词，全篇写银杏的内在精神，可称得上历代文人描写银杏的精品。

宋人诗词中有银杏，书画艺术作品中也有银杏。据《宣和画谱》载，宋内臣乐士宣，字得臣，祥符人，尤善画花鸟，御府藏有他所作《银杏白头翁图》。此外，宋代还有书法作品《周必大题秦少游贴》，上书“惠及银杏，尤见厚意”。惜笔者尚未见到这两件艺术精品，不知是否藏于北京故宫。

明清之际咏银杏之作也是别有情致，如“银杏子成边雁到，木犀花发野莺飞”（刘基）；“鸭脚参天风雨老，龙髯蛰地雪霜寒”（徐世隆）；“红雨乱春丛，清阴掩平仲”（王鋑）。事实上，南宋以后，由于战事迭起，灾害频仍，人们甚至从银杏树上寻找精神寄托，对银杏产生崇拜并赋予神化。据明代《昆山县志》载，蒲城的一棵白果树系由仙人“掷枝垂生”。同载汴人龚猗，官殿中侍御史，曾护从宋高宗南渡，途经昆山折了一枝银杏插在地上，祈祷此枝能长成一棵大树。后果然灵验，并得白果七十余颗，据说恰恰是他的子孙嗣世之数。后人称此树为“遇仙树”（见《群芳谱》）。

钱冲秋意 （王顺华 作）

·诗词·

夜宿七盘岭

（唐）沈佺期

独游千里外，高卧七盘西。
晓月临窗近，天河入户低。
芳春平仲绿，清夜子规啼。
浮客空留听，褒城闻曙鸡。

梅圣俞寄银杏

（一作和圣俞银杏见寄代书之什）

（宋）欧阳修

鹅毛赠千里，所重以其人。
鸭脚虽百个，得之诚可珍。
予人得之谁，诗老远且贫。
霜野摘林实，京师寄时新。
封包虽甚微，采掇皆躬亲。
物贱以人贵，人贤弃而沦。
开缄重嗟惜，诗以报殷勤。

和圣俞李侯家鸭脚子

（宋）欧阳修

鸭脚生江南，名实未相浮。
绛囊因入贡，银杏贵中州。
致远有余力，好奇自贤侯。
因令江上根，结实夷门秋。
始摘才三四，金奁献凝旒。
公卿不及识，天子百金酬。
岁久子渐多，累累枝上稠。
主人名好客，赠我比珠投。
博望昔所徙，蒲萄安石榴。
想其初来时，厥价与此侔。
今已遍中国，篱根及墙头。

银杏逢秋（王顺华 作）

金秋图（王顺华 作）

白果吃了白头偕老 （徐庆雄 作）

物性久难在，人情逐时流。
惟当记甚始，后世知来由。
是亦史官法，岂徙续君讴。

鸭脚子

（宋）梅尧臣

魏帝迷远图，于吴求斗鸭。
乃为吴人料，重玩志已惬。
江南有嘉树，修耸入天插。
叶如栏边迹，子剥杏中甲。
持之奉汉官，百果不相压。
非甘复非酸，淡苦众所狎。
千里兢赍贡，何异贵争嗐。

比爷爷大多了（徐庆雄 作）

代书寄鸭脚子于都下亲友

（宋）梅尧臣

予老指无力，不能苦多书。
书苟过百字，便觉筋挛拘。
京都多豪英，往往过石渠。
作书未可周，寄声亦已疏。
后园有嘉果，远赠当鲤鱼。
中虽闻尺素，加餐意何如。

依韵酬永叔示予银杏

（宋）梅尧臣

去年我何有，鸭脚赠远人。
人将比鹅毛，贵多不贵珍。
虽少未为贵，亦以知我贫。
至交不变旧，佳果幸及新。
穷坑我易满，分饷犹奉亲。

“材”大气粗（徐庆雄 作）

计料失广大，琐屑且沉沦。
何用报珠玉，千里来殷勤。

依韵和齐少卿龙兴寺鸭脚树

（宋）梅尧臣

百战蟠根地，双阴净梵居。
凌云枝已密，似蹼叶非疏。
影落邻僧院，风摇上客裾。
何当避烦暑，萧洒盖庭除。

永叔内翰遗李太博家新生鸭脚

（宋）梅尧臣

北人见鸭脚，南人见胡桃。
识内不识外，疑若橡栗韬。
鸭脚类绿李，其名因叶高。
吾乡宣城郡，每以此为劳。

遍地是金 （徐庆雄 作）

种树三十年，结子防山猱。
剥核手无肤，持置宫省曹。
今喜生都下，荐酒压葡萄。
初闻帝苑开，又复主第褒。
累累谁采掇，玉碗上金鳌。
金鳌文章宗，分赠我已叨。
岂无异乡感，感此微物遭。
一世走尘土，鬓颠得霜毛。

食馐志感

（宋）杨万里

深灰浅火略相遭，小苦微甘韵最高。
未必鸡头如鸭脚，不妨银杏作金桃。

瑞鹧鸪·双银杏

（宋）李清照

风韵雍容未甚都，尊前甘橘可为奴。
谁怜流落江湖上，玉骨冰肌未肯枯。
谁叫并蒂连枝摘，醉后明皇倚太真。
居士擘开真有意，要吟风味两家新。

·散文·

银杏树

周建人

上海真是热闹的地方，也许特别是热天的时候，牌声留声机或无线电的声音，有时更有爆仗声，往往闹得人不能睡觉。这实在是很窘的。有时候，譬如灯下写了点东西，看看时候已经十一点钟了，赶紧睡下，想望早点睡熟，以便明天起来好做事情。偏偏这边邻居的牌声还没停止，那边又开起留声机来了。逢年过节还要放爆仗，这自然更其挡不住。而且常常这等声音还没有闹了，卖馄饨的又来了。广东馄饨担是敲竹筒的，发出沉重的钝声。我的故乡也有这样的馄饨担，但是用短木棒敲在竹筒上，声音比较的低些，上海的馄饨担往往用短铁棒来敲，声音也就特别响亮了。有时候刚把思想制止住，正要睡去，接连的被外面闯进来的声浪数次闹醒之后，便会许多时期睡不着。第二天因为睡眠不足，身体觉得不清爽，就不能好好的做事情了。

近几天来，这等闹人睡眠的声音没有减少，却加添了卖热白果的声音了。白果担子挑来歇下，但发出镬子里炒白果的索朗朗的声音来，卖白果的人一面口中唱道："糯糯热白果，香又香来糯又糯，白果好像鹅蛋大，一个铜板买三颗！"但是我觉得白果担倒并不怎样吵闹的。因为叫唱的声音并不十分高，而且挑来得早，回去也早，有时候倒觉得叫卖声中带给我们秋天来了的消息，使我知道白果卖了之后，将有檀香橄榄买。荷花不开了，燕子要回到马来、印度等地方去了。

上海秋天虽然各处卖热白果，但是白果树却很少见的。我的故乡有很大的白果树。它又称银杏，有些讲花木的书上又叫它公孙树，意思是说它的成长很慢，阿公种植的白果树，须到孙子手里才开花结子。日本的植物学书上便常用这名称的，它在科学上的名字是"Ginkgo biloba"。它是植物界中的老古董。它的系统是从中生代侏罗纪传来，到了现在只剩下它一种了，中国是它的家乡，普通只见它种在庙宇寺院里，有些植物学者疑心现在已没有自生的白果树了，米耶尔（Meyer）虽说浙江山中还有自生的，但是个别有些人却不相信他的话。

植物学者虽觉得白果树已渐衰亡，但是人工种植的却还很多。它很容易种，只要把种子种在泥土里，大约五十天后芽便出来了。它幼时树形像座塔，后来枝条散开，成了伞状的大树。据说最大的白果树能长高到九丈以上，但普通没有这么大。它的叶子有长柄，叶身很象内地扇炉子用的"火扇"。到了秋天，变成黄颜色，是很好看的。它是落叶树，冬天只剩下枝干。

白果是雌雄异株的，大约四月间开花。花极简单，没有花萼、花瓣这些东西。

雄花只在一条柄上着生些雄蕊，每个雄蕊只生两个花粉囊。雌花只有每条长柄上着生两个裸出的胚珠。因为它的花不太明显，一般人从不曾看见过，因此便造下一个靠不住的传说，说白果树的花是“大年夜”（阴历除夕）后半夜开的，而且开的时间极短，只闪三闪，就不见了。这传说先前曾有一个长塘乡人上过一次当。他是一个求知心很切的人，大年夜的后半夜里，跑到近地的一株白果树下等候它开花，足足等了半夜，不见一点动静。这才使他对于那传说发生了疑惑。

但白果树的确是开花的，不过不在冬末，却在春末生叶的时候。胚珠长大起来后，变成一个种子，形状很像杏子，颜色也是黄的，但皮肤很光滑。除去外面的薄皮和肉质，里面包着一层白色坚硬的薄壳，这便是普通所卖的白果。长足的白果，连外面的肉大约只有三生的密达大，除去肉质，那核自然更小了，上海滩的白果，似乎特别小，然而卖白果的人偏说“好像鹅蛋大”，未免太夸张，可是比之于有些广告，却要算是老实的了。

我个人呢，虽不爱吃白果，但很爱白果树。它的木材虽不甚坚硬，然而纹理细密，色白微黄，略带丝光，漆上中国的黄漆，颜色极光亮。你只要去问木工，他会告诉你用“银杏板”做书箱之类是很好的。还有，它的叶子上从不见会生虫，因此我想到做“马路树”一定很适宜的。北平的路旁常种槐树和洋槐，叶上常生一种青色的幼虫，仿佛名叫槐蚕，它有时候吐出丝来，挂在半空里，或者掉在路旁，行人如不当心，就会碰在面孔上，或者脚下踏成虫酱。上海马路多是筱悬木，它的掌状的大叶还好看，只是会生一种毛刺虫——雀瓮蛾的幼虫——身上生着刺，如果刺在赤膊的身子上，是很疼痛的。白果树上不生这等虫，叶子又好看。它也是落叶树，夏季生叶很密，可以遮住太阳，冬季叶子脱落了，不致阻碍阳光，和筱悬木等一样。

载1934年9月《太白》

银　杏

郭沫若

银杏，我思念你，我不知道你为什么又叫公孙树。但一般人叫你是白果，那是容易理解的。

我知道，你的特征并不专在乎你有这和杏相仿佛的果实，核皮是纯白如银，核仁是富于营养——这不用说已经就足以为你的特征了。

但一般人并不知道你是有花植物中最古老的先进，你的花粉和胚珠具有着动物般的性态，你是完全由人力保存了下来的奇珍。

自然界中已经是不能有你的存在了，但你依然挺立着，在太空中高唱着人间胜

金风叠影 （段家强 摄）

痴心守候 （陆睦 摄）

利的凯歌。

你这东方的圣者，你这中国人文的有生命的纪念塔，你是只有在中国才有呀，一般人似乎也并不知道。

我到过日本，日本也有你，但你分明是日本的华侨，你侨居在日本大约已有中国的文化侨居在日本那样久远了吧。

你是真应该称为中国的国树呀，我是喜欢你，我特别的喜欢你。

但也并不是因为你是中国的特产，我才特别的喜欢，是因为你美，你真，你善。

你的株干是多么的端直，你的枝条是多么的蓬勃，你那摺扇形的叶片是多么的青翠，多么的滢洁，多么的精巧呀！

在暑天你为多少的庙宇戴上巍峨的云冠，你也为多少的劳苦人撑出清凉的华盖。

梧桐虽有你的端直而没有你的坚牢；

白杨虽有你的葱茏而没有你的庄重。

熏风会媚抚你，群鸟时来为你欢歌，上帝百神——假如是有上帝百神，我相信每当皓月流空，他们会在你脚下聚会。

秋天到来蝴蝶已经死了的时候，你的碧叶要翻成金黄，而且又会飞出满园的蝴蝶。

你不是一位巧妙的魔术师吗？但你丝毫也没有令人掩鼻的那种江湖气息。

当你那解脱了一切，你那槎丫的枝干挺撑在太空中的时候，你对于寒风霜雪毫不避易。

那是多么的嶙峋而洒脱呀，恐怕自有佛法以来再也不会产生过像你这样的高僧。

你没有丝毫依阿取容的姿态，但你也并不荒伧，你的美德像音乐一样洋溢八荒，但你也并不骄傲，你的名讳似乎就是“超然”，你超乎一切的草木之上，你超乎一切之上，但你并不隐遁。

你果实不是可以滋养人，你的木质不是坚实的器材，就是你的落叶不也是绝好的引火燃料吗？

可是我真有点奇怪了，奇怪的是中国似乎大家都忘记了你，而且忘记得很久远，似乎是从古以来。

我在中国的经典中找不出你的名字，我没有读过中国的诗人咏赞过你的诗。我没有看见过中国的画家描写过你的画。

这究竟是怎么一回事呀，你是随中国文化以俱来的亘古的证人，你不也是以为奇怪吗？

银杏，中国人是忘记了你呀，大家虽然都在吃你的白果，都喜欢吃你的白果，

银杏与古老民房同织醉人秋色（杨发维 摄）

但的确是忘记了你呀。

世间上仅有不辨菽麦的人，但把你忘记得这样普遍，这样久远的例子，从来也不曾有过。

真的啦，陪都不是首善之区吧？但我就很少看见你的影子，为什么遍街都是洋槐，满园都是幽加里树呢？

我是怎样的思念你呀，银杏！我可希望你不要把中国忘记吧。

这事情是有点危险的，我怕你一不高兴，会从中国的地面上隐遁下去。

在中国的领空中永远听不着你赞美生命的欢歌。

银杏，我真希望呀，希望中国人单为能更多吃你的白果，总有能更加爱慕你的一天。

1942年5月23日《新华日报》

安陆银杏文化掠影

安陆丰富的银杏资源为银杏文化的发展准备了沃土，只要我们稍加留意，就可以发现许多与银杏有关的文化现象。概括起来，大约有以下几个方面。一是以民间文学为载体，充分反映人们对银杏的钟情和宠爱。安陆民间流传着许多银杏方面的神话、传说、轶闻、趣事和谚语，这些民间文学寄托着人们对银杏的情感和怀抱。如说银杏能驱邪、治病、避乱，能消灾、退敌，能保一方平安，战胜邪恶。从银杏的叶，枝，皮壳等无不具有极其神妙的功效，我们从已收集到的《白果树》、《银杏地梁要先架》等传说即说明了这点。这实际上是人们已经对银杏进行了人格化和理想化，甚至神化。在科学技术还不是十分发达的一定历史时期，这种文化现象还会存在。至于那些脍炙人口的谚语，除了银杏栽培技术方面的经验总结外，大部分都是警示人们要勤劳致富，这揭示的正是中华民族最优秀的传统。二是作为一种地域文化，银杏文化已渗透到人们生活的各个层面。一些村湾，旧时的寺庙，城中的商场、大厦、酒楼，往往以白果或银杏命名。安陆即有白果寺、白果湾、白果庙，至于银杏大厦、银杏酒楼比比皆是。三是通过对银杏价值内涵的挖掘，银杏文化已逐渐进入高雅艺术殿堂。安陆银杏与名人的趣话不少。白兆山顶的那棵千年银杏相传为李白亲手所栽。宋代有书法作品《周必大题秦少游贴》，上书“惠及银杏，尤见厚意。”周必大是宋孝宗时的中书舍人，秦少游即秦观，著名文人，曾游历安陆，写有《郧上谣》四首。大概是秦观游安陆后带了一些银杏送给周必大。一个送银杏，一个题赠书贴，可算得上是一段银杏佳话。20世纪80年代以来，银杏的价值越来越被人们所认识，时任湖北省委书记的关广富考察安陆银杏资源后，为《全国首届银杏学术研讨会论文集》作序，还为安陆题写了“银杏之乡”的条幅。1993年

4月在北京举办的第三届中国花卉博览会上，安陆花卉协会选送的“十年酒隐银杏树下”7株银杏丛林组合盆景获铜奖。1996年，安陆花卉协会组织银杏盆景展，展出盆景83盆，副省长张洪祥欣然题词：“远古银杏树，现代大文章。”1997～1998年间，安陆先后举办了两届银杏节，为发展安陆经济起了十分重要的作用。银杏节期间，市文化馆王义功等创作了《银杏——安陆的辉煌》的歌曲。安陆水墨漫画院还创作了大量有关银杏的漫画作品。这一系列活动，既是安陆银杏文化的承传和发展，也进一步地丰富了安陆银杏文化的内涵。

·传说·

银杏为什么叫公孙树

从前，涢水边住着一对老夫妻，他们靠在河里驾划子打鱼为生。老俩口虽然无儿无女，但心很善良。有天，老俩口在河里打了一天鱼，鱼没有打多少，他们却累得要瘫，只想早点回家歇着。他们刚把划子系在岸边，忽然听到河边的芦苇丛里有一个奶伢在哭。他们连忙去把奶伢抱进自己住的草棚，熬了粥来喂他，奶伢吃饱了粥就睡着了。看到这个不晓得父母在哪儿、连名字也没有的奶伢，老夫妻很为难，想把他抚着，老俩口都到了六十多岁，不晓得能活几年。老汉说：“明朝我到街上卖鱼，打听到哪个人家要抱养小伢，就把他送到人家去。”哪晓得老汉话刚落音，奶伢就大声哭起来，老婆婆连忙把奶伢抱在怀里，连声说：“不送给人家，不送给人家”，奶伢就不哭了。到天黑的时候，老俩口给奶伢洗澡，看到奶伢手里捏着一颗银杏果，于是老俩口给奶伢取了个名字叫银伢，当孙子抚养。老汉又把银杏种在草棚门口，没有多时，门口就长出一棵银杏树苗。银伢一天天长大，银杏树苗也一天天长高，老俩口为了养活银伢，不管刮风下雨天天下河打鱼，身子骨还越来越扎实。银伢长到3岁的时候，有一天，一个穿戴讲究的妇女，走到银伢的家门口，盯着银伢看了一会儿，老俩口上前去问她，她朝老汉跪下来，磕了个头，喊了声“好公公”，转身就跑了。老婆婆想去拉住那位妇女，却因年老腿慢没赶上，就猜想那妇女是银伢的生母。

待银伢长到18岁，门口的银杏树也结了不少果，一家人把银杏果摘下来，到街上卖了钱，加上卖鱼的钱，就把草棚换成了瓦屋，第二年还给银伢娶了媳妇，一家人过得很好。

因为那个不知名的妇女叫老汉“好公公”，好公公种的银杏树，又让她的孙子得了益，一家人就把这棵银杏树取了个名字叫“公孙树”。哪晓得别人听了他家的事，就一传十、十传百，把他家的事传开了，好多人就把银杏树叫“公孙树”。

（何木匠讲述　肖成强搜集整理）

姊妹竞秀 （周新明 摄）

银杏地梁要先架

还是很早的时候，有一年老天大旱，种田的人只好在河里车水救庄稼。因为河坡又高又陡，大家只好把几个湾子的水车弄到一起，在河里架六道水车，一道一道往上车水，才能把河的水车到田里。头一天，六道水车蛮正常，顺顺当当车了一天，人们把水车卸下，回家休息。第二天，六道水车又架好了，不料刚一踩动水车，不是锁子断了，就是栓子掉了，人们连忙去请木匠来修。年轻的木匠带着家什来了，哪晓得才把这里修好，那里又坏了，年轻的木匠忙出了一身汗，还是修不赢，只好叫人去请师傅来。老木匠赶来了，他仔细把六道水车看了一会儿，叫人们把六道水车卸下来，把当中一部车换到最上头，又叫人弄了几根香来。老木匠叫人把最上头的一道水车的地梁摆正，对着地梁燃了香，朝地梁恭恭敬敬磕了几个头，再把地梁架了下去。这道水车架好了，再把别的水车架好。六道水车架好后，众人再上去踩动水车，六道车顺顺当当地转，水才哗哗地往田里流。

人们就问老木匠，为么事要对那根梁烧香，还要先架，老木匠笑着说了原委。原来，老木匠一来，就认出那根地梁是银杏树做的。银杏树是树王，几道车一起

婆娑起舞 （潘小平 摄）

架，就必须先架树王做的地梁。头一天是树王做的地梁先架的，所以车水很顺当，第二天把树王做的地梁放到底下，又是别的地梁先架，所以老是出麻烦。老木匠对着银杏树的地梁烧了香，意思是给树王赔了罪，又把它先架上去了，所以车起水来没有麻烦。

众人听了老木匠的话，从此就记住了，要是几道水车一起架，就要先架银杏树做的地梁。

（何木匠讲述　肖成强搜集整理）

银杏树做的桌子要摆首席

从前，有一户人家的儿子娶媳妇，亲友来了几十人，家里桌椅不够，就到左邻右舍去借。过盒子那天，满屋人喝酒吃菜顺顺当当，主人客人都很高兴。到熬夜那天，不晓得是怎么搞的，才摆到桌子上的调羹，没有人动就掉到地上断了。好好的酒壶突然破了，酒洒了一地。两只平时不咬人的狗子，突然跑到堂屋里打起架来，还把舅爷的脚咬出了血。儿子娶媳妇本是个喜事，接连出岔子，把主人急得不得了，男女主人急得背着人流眼泪。

有一位客人是做了几十年活的老木匠，他仔细看了一会儿桌子，就跟主人说，只要照他说的法子办，保证再没有麻烦。主人巴不得把客人待好，就答应了。老木匠叫主人在堂屋燃几根香，对着一张桌子磕了头，再把这张桌子摆到首席，主人全部照办了。待桌子重新摆好，真的百事顺当了，众人喝酒吃菜一直下地，半点麻烦都没有。待客人下了席，主人问老木匠，为什么要对那张桌子磕头，还要摆到首席上。老木匠把银须一摸，笑着说出原委：原来那张桌子是银杏树做的，银杏树是树王，别的桌子是杂木做的。树王做的桌子摆到首席上，什么麻烦都没有，树王做的桌子摆到别了的席上，麻烦就会一个接一个。过盒子的时候，树王做的桌子在首席上，所以没有麻烦，今朝一开始把树王做的桌子摆到了末席上，所以岔子一个接一个。

主人听了老木匠一番话，立即把那张银杏树做的桌子系根红绳，宴客的时候总是摆到首席上。往后几天待客，就一点麻烦也没出。

（何木匠讲述　肖成强搜集整理）

白果树

白兆山祖师殿前，有一株距今1 300多年历史的银杏树。虽然它历经岁月沧桑，但至今仍然苍劲挺拔。传说为“诗仙”李白手植。

唐朝开元年间，安州（今湖北省安陆市）地区突然爆发了一种疾病，患者多为中老年人，他们不是心绞疼、脑发胀，就是手抽筋、足痉挛，甚至中风瘫痪。为了祛病消灾，人们又是烧香拜佛，又是算命卜卦，可就是不见病情好转。一时间，疾患满乡，悲声遍野，其状甚惨。住在白兆山的李白，见父老乡亲疾病缠身久治不愈，心里十分难过，他恨自己不是起死回生的郎中，不能为乡亲们及时解除病痛。他也曾四处奔波问病寻药，可总是不能药到病除。为此，他决定祈求上苍降药消灾，保祐百姓早日康复。这天晚上，皓月当空，银河浩瀚。李白沐浴更衣后，就在白兆山顶焚起一炉檀香，烧了一道表符，十分虔诚的向着苍天拜了三拜，嘴里不住地喃喃的祷告着：“祈请神灵降下灵丹妙药，医治黎民百姓疾患”。李白自从投胎人世后，对自己前世是天神太白金星全然不知。但是，他的这一道表符却被玉皇大帝收到了。玉帝一看表符，知道当年因为传错圣旨而被他贬下凡间的太白金星心地善良，非常关心民间疾苦，感到这种精神难能可贵，就动了恻隐之心，决定赐给太白金星（李白）一枚仙果，让他为百姓解除病痛。于是，玉帝让“百果神童”打开“百宝箱”，取出一枚白果，连同一道“医方”向白兆山丢了下来。“百果神童”从天上丢下来的白果和“医方”正好落在李白的手中。李白见上苍果然显灵降药，喜不自禁。连忙又向苍天顶礼膜拜起来。接着，他就按照“医方”所示，将白果种在山顶上，每天又于日出之晨曦，月落之前时，不辞辛苦地从“白云泉”提水来浇灌。

三日之后，李白见种白果的地方果然冒出一棵树苗，接着，树苗又变成一棵大树。刹时间大树又开花、结果。李白把这些白果分发给父老乡亲们，并按照天赐“医方”所示，告诉他们怎样食用、治病的方法。那些患心脑疾病、中风瘫痪的病人饮服了白果后，很快就神奇般的康复了。人们为感谢李白，就把这种白果叫做“太白果”。

白兆山脚下一个姓宋的“里正”见小小白果竟有如此之神效，就想把白果种在房前屋后，让它结出很多白果来送给当朝皇帝，以便捞个一官半职。“百果神童”知道他用心不善，就发了怒。等他将白果种了以后，等了一天又一天，望了一月又一月，盼了一年又一年，指望他改邪归正后，再开花结果。可是他就是官迷心窍，一门心思想当官发财，故而让白果树不开花不结果。直到后来他死了，他的孙子不像他那样心黑手辣，“百果神童”才让白果树结出果来。所以，今天人们将从小把白果种子种下地，直到六十年后白发满头、银须飘飘的时候才结果的白果树叫做“公孙树”。

（卫保群搜集整理）

白果狸

很久很久以前，安陆这一带年年发洪水，洪水一来，一片汪洋，洪水退了后，只剩下泥沙石头，寸草不生。

大禹治水后，洪水好多了，但地上还是一片荒凉，观音菩萨看这里没长东西，就打发身边的百兽给地上送种子。

观音先叫老鼠过天河送种子，老鼠把稻谷和小麦含在嘴里，游过了天河，把稻谷、小麦带到了地上。后来人们收了谷、小麦后，就让老鼠也吃一口，所以到今天老鼠一直吃谷、小麦。

观音又叫狗子过河送种子，狗子的口里不会藏种子，它就把粟沾在尾巴尖上，翘着尾巴游过了天河，把粟带到了地上。人们收了粟以后，就把粟取了个俗名叫“狗尾巴”，以记住狗子带粟种的功劳。

老鼠、狗子过了天河，一只狸猫却躲在后山的白果树上吃白果，它一气吃得肚子鼓鼓的，观音就把狸猫叫过来，要狸猫带种子到地上。狸猫看了一下天河的水，说：“我游水的本事不行。”观音说：“那你就百事不带，只到地上屙几泡屎就行了。”

狸猫一听，觉得自己比老鼠、狗都划得来，就答应了。

狸猫学着老鼠、狗子的样儿，游过了天河到了安陆一带，这儿屙一泡屎，那儿屙一泡屎，哪晓得狸猫屙屎的地方，全都长起了白果树。原来观音晓得狸猫偷吃了白果，趁它肚子里的白果没有烂，就把狸猫打发过了天河，就这样把白果种子送到了安陆一带。

人们后来晓得狸猫给地上带来了白果树，就把这种狸猫取了个名字叫“白果狸”，为的是记住白果狸的功劳。但有的人觉得白果狸不是真心带白果种子到地上来，所以他们有时候把白果狸打死了吃肉。

（何仁讲述　肖成强搜集整理）

白兆山顶的白果树是树神

安陆人都晓得，白兆山顶长了棵千年白果树，但周围的人们为么事把这棵树当神敬，这里头有个缘由。

这棵树是唐朝的大诗人李白在安陆时栽的，到了北宋末年，这棵树已长得有几抱围粗，枝叶盖住山顶好大一片。

这个时候，金朝的人马打到了安陆。那些金兵，个个骑高头大马，见了汉人就杀，把安陆城乡杀得血流成河，安陆人被金兵杀死了一大半。

住在白兆山脚下几个湾子里的人，看到金兵杀人如麻，就拖儿带女，跑到白兆山顶的道观里避难，道观里的道人们大发慈悲，就把观里的存粮煮粥给人们吃。

金兵的元帅晓得白兆山顶躲得有汉人，就率兵攻打白兆山。金兵大队人马开到了白兆山下，金兵元帅往山上望，只见山头被大雾罩住了，随么事都看不清楚。

金兵元帅传令金兵列阵，准备向山上进攻。金兵的阵刚列好，好好的天突然响起了炸雷，电闪雷鸣，倾盆大雨立刻落下来，山上一道洪水猛地冲下来，把金兵的阵势冲得稀烂，金兵元帅只好传令收兵。

过了一些时，金兵元帅又下令攻打白兆山，金兵出发的时候，天还晴得很好，金兵一到白兆山下，山头就又起了大雾，金兵一列阵，立刻又是电闪雷鸣，大雨倾盆。

金兵元帅只好又下令收兵，过了些时再发兵来，又是晴天突然变雨天。

金兵元帅发了三次兵都不能攻打白兆山，就不再起进攻白兆山的念头，白兆山顶的安陆人就逃过了劫难。

过了一些时，宋朝元帅岳飞率领大军把金兵赶出了安陆，岳元帅的人马到了白兆山下。本来还阴着的天，突然变得万里无云，白兆山上的安陆人，就下山来欢迎岳元帅。

由于这些安陆人在白兆山顶活下来了，人们就说是山顶的白果树显灵，下起了倾盆大雨淋退了金兵。

从那个时候起，白兆山下的安陆人，到过年的时候，总要把年夜饭喝的汤先盛一碗，送到山顶白果树边，烧香磕头后，再把汤倒在树旁边，以感谢白果树显灵护了安陆人，直到今天还是这样。

（贾画讲述　肖成强搜集整理）

·故事·

神树自身难保　白兆山主峰，历史上一直建有道观，观里祀有道家的祖师，故此峰得名祖师顶。

道观院子中的一棵古银杏树，相传是唐代大诗人李白隐居安陆时所栽。

每年农历三月三，传说是祖师生日，四乡八里的善男信女，在三月三的前后几天，纷纷到祖师顶上的道观敬香，求平安、求钱财、求生子的都有。

建国后一段时间，道观被拆了，只剩下那棵古银杏，但不少人，仍偷偷在三月三前后到山顶焚香化纸。

不晓得是哪一年，一位糊涂郎中，给病人开药方的时候，提到要用祖师顶上古银杏的皮做药引子，病家真的这么做了，可巧的是病人服药后，病居然好了。

这事被传开后，周围的人们不管得了什么病，一煎药就到这棵古银杏上弄块树皮。有的人家没钱抓药，家里有了病人，就在古银杏树上弄块皮煎水喝，日子一长，不光树皮剥光了，连树干也弄坏了大部分。直到1983年前后，文物、林业部门才开始重视对这棵古银杏的保护，但多年来人们的刀剜斧斫，已使这棵历经沧桑的古银杏奄奄一息。

古银杏成了神树，反被敬神的人害了，看来神树的日子并不好过。

白果狸有功反遭祸　安陆各地的古白果树，树龄从百年到数千年不等，这些白果树是怎么长起来的，过去多少年人们都不清楚。尤其是王义贞镇、孛畈镇的一些山区，历史上是人迹罕至的原始森林，人们不可能到这里来栽白果树。

直到近年，有关专家才解开这个谜：原来，有一种形为狐狸的动物，喜食白果，人们把它叫做白果狸。

白果狸吃了白果后，只消化白果的表皮，白果的核一点儿也没有破坏，白果狸排粪时，就把白果排到地上。遇到合适的地方，白果就生根发芽，长成新的白果树。白果树长大后，又为白果狸提供更多的食物。白果树与白果狸，构成了植物与动物互相依存的生态平衡关系。

白果狸为人们繁殖了这么多的白果树，人们对它却一点也不客气，因为白果狸吃了白果后，吸收了白果中的各种独特养分，因此白果狸的肉、骨头乃至血，具有

鞠躬尽瘁

独特滋补的作用。尤其是白果成熟的季节，白果狸大量吃白果，长得又肥又胖，不免行动迟缓，又常常爬到白果树上，人们就在这个季节，大量捕食白果狸。

时间一长，白果狸的数量大大减少了，现在安陆只有深山老林中才见得到白果狸的踪迹。

白果狸繁殖白果树有功，人们不念其功，反要吃它的肉，看来地球上，只有人最厉害。

朱老汉哭树　李畈镇月岭村有位姓朱的老汉，院子里长着一棵千年古银杏树，每年这棵古银杏树都如期结果，为朱老汉一家带来几千上万元的收入，朱老汉一家日子过得有滋有味。

1991年夏天，一次龙卷风袭击了月岭村，破坏力极大的龙卷风，把朱老汉家的古银杏树拦腰扭断了，硕大的枝干倒下来，又打塌了一间房。

灾害过后，朱老汉悲痛不已，见了人便老泪纵横，就连电视台记者前去采访时，朱老汉也一把鼻涕一把泪地悲诉。

左邻右舍免不了前来规劝，一位邻居说，树已倒了，着急没得用，幸好没伤到人。

朱老汉一听这话，越发伤心了，他说这棵树比儿女还好，言外之意是再孝顺的儿女，一年也不会给老人几千上万元。

大家听了朱老汉的话，都觉得有道理，从这以后，越发多栽银杏树，并把朱老

龙凤呈祥 （潘小平 摄）

忠心耿耿

汉的话传开了。

晒银杏钱 王义贞镇钱冲村村民陈全贞，家有银杏树27棵，这些银杏树，每年结出洁白的果实，使陈家有了令人羡慕的固定收入。前些年银杏果价格不高，陈家的银杏收入还不那么显眼，近几年则不然，每年卖果的收入都达3万多元。

陈全贞是山沟里长大的，家里收入虽然不错，但对外面的世界了解得不算多，镇信用社的工作人员第一次动员他把钱存进信用社的时候，他左想右想不愿意，但禁不住工作人员的再三动员，终于同意把钱存入信用社。

几年靠卖银杏攒下来的钱，换成了存折上的几个数字，陈全贞怎么看都有些不放心，竟整整一夜没有睡好。第二天，他起了个大早到镇上，把昨天存的钱又全部取出来。那个时候50元、100元面额的人民币还没有发行，陈全贞取出的钱有好大一堆，这些钱怎么存放，也令人挺费神的。最后陈全贞想了个绝招，把这些钱分别藏在鸡窝、牛棚、猪圈等不被人注意的地方。

没想到日子一长，那些藏起来的钞票，有大部分发了霉，陈全贞便把钞票全部拿出来，摊在外面晒太阳。

待太阳下山的时候，陈把钱收拢后，一点数，发现少了两捆，这才慌了神，赶紧跟镇派出所的干警讲。

干警费了好大的劲，终于帮他找回了不见的两捆钱，一点数，每捆有7 000元。

经过这场风波，陈全贞才明白， 钱存入银行最安全。

腊月三十怪祖先 王义贞镇钱冲村有位村民叫陈道树，他虽然名字叫道树，却常为树着急。

他所在的3组，每户人家都有年年结实的银杏树，唯独他家一棵也没有。看着人家每年毫不费力地收入大把人民币票，陈道树嘴上不说，心里却憋着一股无名气。

1993年的春节到了，按当地风俗，家家要在除夕夜烧香敬祖先，敬银杏树，给银杏贴红对联。陈道树也不例外，却无银杏树可敬。

当陈道树把香燃着，朝祖先牌位跪下的时候，终于把平时憋的气吐出来了，他喃喃地埋怨祖先，为么事不给我家留下几棵银杏树，哪怕一棵也行。即使一间房、一样家具农具不留也不怕，不留银杏树，实在让人难过。

家人们看到他敬祖先的时候这么说，吃年夜饭的时候，就商量要立即动手，多栽些银杏，免得自己去世后，后人照样埋怨自己。

从那年起，陈道树一家栽银杏的劲头格外大，如今，他家的银杏收入虽然比不上人家，但比没栽银杏以前强多了。

为银杏立碑 王义贞镇观音村一带，明朝初期，人烟稀少，明朝开国皇帝朱元璋，采取移民措施，才使这些地方逐渐有了居民。

有一户邓姓移民到了观音村的一条山冲里，选基做房时，正好选在一棵古银杏下。待住房落成的时候，这棵古银杏成了他家院子里的树。

没想到这棵不知生长了多少年的古银杏，不光给这户人家遮了荫，调节了房子的小气候，使一家人老少健康，每年还如期结出又大又多的白果，这些白果一年比一年值钱。

过了几百年，这户人家来安陆后的第18代邓世勋五兄弟，都成了家财颇丰的富户。有一年兄弟们在一起喝酒时，想起邓家的发家史，不禁百感交集，对这棵枝繁叶茂的古银杏充满感激之情。

兄弟们酒酣耳热之际，商议要为这棵古银杏立块碑，于是兄弟立即行动，很快把碑刻好立成了。

如今，这块残碑还在这棵银杏树下，上面留的字还可以辨认出是清嘉庆年间立的。

古树重结籽 南城办事处陈沟村，有一位村民叫仰大晏，他家有一棵古银杏，近几年年年结果。提到这棵树，还有一段往事。

大约60年前，仰家有两棵银杏树，老是一棵结籽，一棵不结籽。仰家的户主便决定把那棵不结籽的银杏锯了打家具。

银杏树屋 （潘小平 摄）

哪晓得那棵不结籽的银杏锯倒没几多时，仰家身体尚好的老太太竟去世了，仰家猜想是锯银杏树导致家族不利，便好生看管余下的一棵银杏树。

到了银杏结籽的季节，这棵往年结籽的银杏，竟一颗籽也不结，仰家人百思不得其解，只好估计是神灵责怪锯了那棵银杏树。

前几年，科技人员得知这桩事后，在银杏开花的季节，给这棵古银杏进行人工授粉，使这棵60多年不结籽的银杏，又结出了累累果实。

经科技人员讲解，仰家人才明白，60多年前，仰家的两棵银杏树，是一雌一雄的两棵，那不结籽的银杏，是一棵雄树，把雄树锯了后，雌树开的花得不到雄花粉，雌树自然而然也结不出果。现在人工给雌树授了粉，雌树自然就结果了。至于锯了银杏树后，老太太去世，纯属巧合，二者之间没有关系。

银杏树屋　王义贞镇仁和村，有一棵独特的古银杏树，这棵树的树干基部，不知从哪一年起，被火烧了几次，后来一直烧得当中空了。

但它的树皮却完好无损，因而每年照样发芽、长叶、结籽。

到现在，这棵古银杏的树干当中，已成了一间名副其实的“树屋”，这间“屋”里，可以坐几个人，要是有特制的小桌凳可以坐进4个人打扑克。

银杏树含降血压，利心脑的化学成分，患有心脑血管疾病的人，要是在这间银杏树屋里呆久了，不用服药就可以减轻病情。

好田换山岗　王义贞镇唐僧村村民彭茂先，早年学过园艺，近些年来一直从事银杏种植试验，掌握了一套种植银杏的技术。

第八章
安陆银杏研究课题

生产中的难题就是科研中的课题。坚持以科技为先导是安陆市快速发展银杏基地、拓展银杏开发新领域、加速银杏产业化进程的重要因素。

科技队伍

科研机构

安陆市围绕银杏的科研推广工作源于20世纪80年代中期，是全国银杏科技开发最早的县市之一。全市有从事银杏科研推广机构8家。1999年创立于安陆的湖北省林业科学院银杏研究所，是全省研究银杏的权威机构。此外，还有省林业厅银杏中心苗圃、安陆市银杏技术研究所、市林业局林科所、市农业局果茶所、市林业局林业技术推广中心等。特别是近两年来，南京林业大学副校长、博士生导师曹福亮带领其博士生进驻安陆专题研究银杏，进一步促进了安陆银杏的研究与开发。

科技人员

近二十多年来，安陆在银杏开发与科研中形成了上下结合、内外结合、土洋结合的银杏科技队伍。

安陆拥有从事银杏科研推广的科学技术人员98人，其中，中高级技术职称45人。

安陆市政府和龙头企业、基地聘请了全国、全省知名专家、教授30余名。1998年9月，安陆市政府征得华中农业大学教授谢笔均、同济医科大学教授沈关心、华中农业大学教授陈章久、湖北中医学院副教授谭文界、湖北省林科院副研究员欧阳绍湘、湖北中医药研究院副主任医师欧黎红的同意，颁发聘书，聘请他们为安陆市人民政府银杏产业顾问。今年安陆市林业局又与南京林业大学签订合作开发研究银杏协议，与湖北生态工程职业技术学院合作，组织林业系统52名林业技术人员进行升专科、本科及研究生函授培训，进一步壮大和充实银杏科技队伍。

湖北省林科院安陆银杏研究所 （易家镜 摄）

安陆拥有从事银杏种植的农民协会5家，农民技术骨干2 500人，其中育苗技术骨干1 000人，嫁接技术骨干950人，人工授粉技术骨干550人。以彭茂先、周守坤、杨志发为代表的200多名农民技术员，在服务本市的同时，还开展了对邻近的随州、京山、广水、大悟及陕西、河南、四川、深圳等地的银杏人工授粉、嫁接、育苗技术服务。

课题研究成果

这些科研机构和科技人员围绕银杏的栽培和加工技术进行了卓有成效的推广工作。研究课题20余项，其中4项达到国内同类先进水平；2项获"湖北省科技进步三等奖"；1项获"孝感市科技进步二等奖"；1项获"安陆市科技进步一等奖"；2项获"安陆市科技进步二等奖"；2项获"安陆市科技进步三等奖"。

银杏矮密早丰及丰产基地建设综合技术研究

1986～1987年湖北省科委和孝感市科委向安陆市（县）科委下达了"银杏矮密早丰技术研究"的课题，由市（县）科委课题组、王义贞镇政府和市果茶所共同承担。从1986年开始进行银杏矮早丰试验和丰产基地建设综合技术研究，1993年7月通过省科委鉴定。该成果达到国内同类先进水平，1995年被评为湖北省科技进步三等奖。

1. 现状和效果

银杏试验园的建立分两批进行。第一批是王义贞镇杨港、唐僧、汝南等村9个专业户共13.5亩，均为小面积的庭院试验园（大的2亩，小的0.8亩），1986年元月份栽植2～3年生的实生苗，同年3月底和4月初嫁接，1990年以来陆续结实。第二批是1987年市果茶所引进外地优良品种嫁接建的11.5亩，1992年开始结果。

2. 试验的关键技术

①嫁接是早实的关键，采用“小砧木，老接穗”的方法，使幼树继续漫长的阶段发育过程，达到早期结实；②肥水管理；③人工授粉；④整形修剪，共进行了摘心、短截、环刻和环剥四种试验，以环剥促进花芽形成最为显著；⑤间套农作物。

叶用银杏丰产技术研究

“叶用银杏丰产技术研究”系湖北省科委1995年下达，由湖北省林科院和安陆市银杏技术研究所共同承担的科技攻关课题。1998年10月8日，该课题完成后在武汉由省科委组织了鉴定，评为国内同类领先水平，1999年被评为湖北省科技进步三等奖。

1. 试验设计

试验地设置在安陆市北城科技馆及王义贞镇银杏试验示范基地内，共占地20亩，试验区地势平坦，交通、水源方便，土壤为砂壤土，条件优越。根据试验要求，试验将采用我市主要银杏类型：梅核、马铃、佛手、圆子以及雌雄株等作为试验材料，对不同密度、不同施肥水平及修剪、采叶方式进行试验，提出叶用银杏园高产优质最佳栽培技术，使造林后3年亩产银杏叶达300kg。

2. 试验内容

①密度试验，试验采用5种不同栽植密度，即亩栽0.1、0.2、0.4、0.8、1万株，分别按“等行”和“宽窄行”两种不同方式进行定植。②施肥试验，试验地除整地时施入腐熟的猪粪2 500kg作底肥外，在栽培时，每亩还施入复合肥25kg或碳酸氢铵50kg作补充底肥。在此基础上从第二年起采用3组施肥方案。③整形修剪试验，采用20、30、50cm定干修剪，以不定干修剪为对照，以后每年对生产枝选取20～30cm短截。④采叶试验，在黄桐含量高的9～10月分别用摘1/3、2/3、全部摘完和只留顶叶4套方案。

银杏扦插育苗技术研究

1986年春，由于银杏种苗稀缺等缘故，市科委下达了该课题，由市科委课题组指导实施，在王义贞镇唐僧村和杨港村分别进行了银杏扦插育苗技术研究。该研究达到了国内同类先进水平，获1998年市科技进步三等奖。

银杏扦插育苗既可保证优良品种，又可节约种子，提早结果，是银杏苗繁殖中值得推广的方法之一。

1. 硬枝扦插试验

试验材料选自大树下部分的当年生枝条，采条时间为冬季，插条剪成长25cm，上端剪口在壮芽之上的1cm处，下端剪口在芽子中间，剪口成斜面，按粗细分成每捆50支，贮藏翌春取出用 ABT生根粉浸泡后，按6.6cm × 16.6cm的株行距插入准备好的苗圃。见表1：

表1　银杏硬枝扦插试验表

小区号	扦插数	药剂浓度（mg/kg）	处理时间(h)	成活率	根数
1	50	ABT150	1.5	78	3.4
2	50	ABT150	2	88	4.2
3	50	吲哚丁酸150	2	66	2.5
4	50	奈乙酸150	2	28	2.4
5	50	奈乙酸200	1.5	24	2.1

2．雄枝日晒处理硬枝扦插试验

早春剪下雄树大树上萌生的一年、二年生枝条，剪成25cm一节，剪枝方式同上。剪好后放在平整的壤地上日晒20～25天，以枝条表皮初起皱纹为好，这个过程我们称之为“发汗”，就是晒出枝条内部所含水分，浸进生长激素液，使扦插到土壤中不至因天气、土壤等因素短期出现腐烂现象。见表2：

表2　银杏雄枝日晒扦插试验

区号	处理数	处理深度 ABT （mg/kg）	处理时间(h)	插深	管理措施	成活率
A	100	100	2	1/3	遮荫	81
B	100	150	2	1/3	遮荫	91
C	100	100	2	2/3	不遮荫	74
D	100	150	2	2/3	不遮荫	76

从表1、表2可以看出：银杏扦插育苗，用ABT150mg/kg浸泡2小时后，硬枝插条成活率最高，生根数量多；经日晒处理的雄枝扦插遮荫成活率高，是一项很有推广价值的实用技术。

银杏老树改造试验

安陆不仅有百亩以上的百年生人工林，而且有全国罕见的天然群落。由于银杏资源丰富，栽培历史悠久，故素有“银杏之乡”之称，是湖北省白果的主要产区之一。因此，1986年市科委下达了银杏老树改造试验课题，由市银杏技术研究所承担并完成。该成果被评为1989年市科技进步三等奖。

银杏老树存在的主要问题有四：①管理粗放，水肥措施跟不上；②银杏定植后，放任自流居多；③雄树资源严重不足，自然授粉困难；④优良品种未开发利用。

为了迅速提高现存银杏的产量和品质，挖掘生产潜力，以适应市场的需要，安陆市把古银杏的管理、改造和培育作为主要课题进行攻关。

1. 深翻施肥。1985～1987年，安陆市科委在王义贞镇仁和村六组做了一次深翻改土的对比试验。这次试验，共选结果大树12株，立地条件大致相同，大小年明显，树龄均在百年以上，且周围有雄树传粉。据1990年观察，与对照树相比，试验树叶片肥大浓绿，冬芽饱满，萌芽期提早2天，新梢生长期延长4天，落叶期推迟了3天。

2. 整枝修剪。1986～1988年间，试验树为一株80多年的结果树，通过疏枝、分层、拉撑、短截等处理。1990年，这株树的白果年产量由原来的15～25kg上升到67kg。

3. 人工授粉。在全市普遍推广人工授粉后，安陆市白果年均产量由原来的7.5万kg上升至1990年的12.5万kg。

4. 高接换种。

银杏人工辅助授粉试验

1986年，在银杏产区调查时发现，银杏普遍授粉不足。1987年，市科委下达课题，由安陆市银杏技术研究所在王义贞镇钱冲村进行银杏人工授粉试验。

安陆市雌花盛花期一般在4月17～24日，雄花盛花期是4月15～22日。为了不失时机，故采集花粉前要注意观察，当平均气温超过18℃，雄花序由青绿转为淡黄时采集。采集的花序及时处理。授粉时以60%的雌花尖端珠孔出现“性水”为最佳。授粉量要结合树龄、树势、树冠大小、结果母枝的多少和施肥水平综合考虑，切忌授粉过量。一般而言，一株50年生、树势中上的结果树，年产白果以50kg为宜，需花粉5g左右，对水25kg。试验采用了挂花、撒粉、混水喷雾等方法进行比较，以混水喷雾效果最佳。其关键技术为及时和适量，最高增产达127%，平均34.6%。此成果获安陆市1989年科技进步二等奖。

银杏人工授粉（易家镜 摄）

安陆市银杏品种资源调查及良种选择

为了摸清安陆市银杏品种资源的现状、存在的问题和研究发挥“安陆大白果”的品种资源优势，自1989～1991年由市科委刘燕君、张仕斌、熊复西在安陆市集中产区进行观察和调查。调查的方法是以雌性单株为单位，以千年树、高产树等不同类型的树为对象，共调查代表性的70个单株，部分定点观察连续三年，取得初步成果。其论文被收入《全国首届银杏学术研讨会论文集》。

银杏群落的形成与白果狸调查研究

银杏类植物在距今一亿七千万年前的中生代已遍布全球，到新生代第三纪末、第四纪初，地球进入冰川时期，欧洲、北美洲银杏类植物均已灭绝无存，只有在中国某些特殊的地形得以幸存。分布在大洪山南部腹地里，100年、1 000年以上银杏不少，它是怎样形成的？安陆市银杏协会刘燕君、陈晓云两位高级农艺师进行了调查研究。

植物的繁衍生息其主要传播手段有四种：①自身种子类（组织）传播；②自然（如风、雨、流水）传播；③人类传播；④动物传播。安陆西部的银杏群落具有多种多样的品种，生长在多种地段，与当地生长着的一种动物“白果狸”有关。爱吃白果的白果狸把银杏种子散在群山峡谷之中，生根发芽形成群落。其《银杏群落的形成与白果狸》论文被收入《全国第二次银杏学术研讨会论文集》。

全国银杏品种引进比较试验

1986年安陆市开展银杏研究以来，安陆市科委、农业局、林业局，积极引进全国银杏地方优良品种进行比较试验，为适应市场需求、建立银杏种质资源园创造了较好的条件。

主要引进江苏泰兴、邳州、山东郯城、江西信丰、浙江金华等地共40多个优良单株。这些品种均进行了嫁接定植和观察记载。

制订和发布银杏综合栽培技术规程

1995年，由国家技术监督署立项的湖北省地方银杏综合栽培技术规程课题在省、地技术监督部门的大力支持下，由安陆市银杏技术研究所制订完成。1996年12月通过了省级专家鉴定，此成果为国内同类领先水平，1998年被评为孝感市科技进步二等奖。安陆市科技进步一等奖。

银杏嫩枝扦插全光喷雾育苗技术研究

1．试验目的。运用全光喷雾设施，研究银杏嫩枝扦插技术，达到快速育苗目的。

2. 试验地点。安陆市果茶研究所银杏苗圃，参加人员有市农业局副局长罗振维，果茶研究所所长李德安及副所长周学斌、朱加强等人。

3. 试验时间。1995年。

4. 研究方法。（1）苗圃选择：光照充足，地势平坦，排灌方便的田块。（2）苗床基质：透水、透气性良好的洁净细河沙拌以炭化稻壳作为插床基质。（3）作床：根据喷雾设备，苗床作直径为14.4m的圆形，圆形苗床周围砌砖墙高为20cm，底部留排水孔。铺上基质后，用0.5%的高锰酸钾进行消毒处理。（4）插穗的选择及处理：选健壮、无病虫害、直径大于0.5cm的当年生半木质化枝条作插条，剪成

10～15cm长，含2个芽，顶端待留1～2个完整叶，按每捆50根捆好。生根剂处理：用ABT-1生根粉，按200mg/kg的浓度，浸泡下部，深度2cm，处理时间1～2小时。（5）扦插：扦插深度为3～5cm，密度为250～400根/m²，扦插时间在早晚或阴天进行，扦后立即喷水。（6）精细管理：扦插初期，喷雾时间应略长些，以后根据时间增减。结合喷水每10～15天喷施0.1%的尿素或磷酸二氢钾，进行叶面追肥。发现病株及时拔去，并每10天喷800倍多菌灵一次。

5．试验小结。经过持续精细管理，扦插15天后，70%以上的插穗愈合，25天后即有15%的插条生出3～5条新根，30天后有50%的插条长出嫩根，45天后愈合生根率达70%以上。在150m²的苗床里，育苗12万株，成活率达到80%以上，取得了降低成本，快速育苗试验成果。

安陆市古银杏资源调查及保护和开发利用

为了摸清安陆市古银杏资源，切实加强保护和合理开发利用，从2003年起，对全市古银杏资源进行了调查。经调查，全市有千年以上古银杏树59株，百年以上古银杏树4 673株。其中钱冲景区有千年以上古银杏树39株，百年以上古银杏树1 785株。并对所有古银杏树统一登记造册、建档、编号、挂牌，采取多种措施进行保护，积极申报古银杏省级、国家级森林公园。2008年12月30日，湖北省林业局批准建立“湖北钱冲古银杏省级森林公园”。2009年7月31日，国家林业局批准设立“湖北安陆古银杏国家森林公园”。对银杏这一珍稀树种专门建立森林公园进行保护，在全国尚属首例，具有深远的历史意义和现实意义。该成果于2009年9月，获安陆市人民政府2006～2008年度科学技术进步二等奖。

主要完成人：潘小平 刘建军 靳 晛

课题研究方向

叶用银杏品种选育

1. 试验目的。培育优良品系银杏，提高银杏叶有效成分黄酮类和萜类化合物含量是当前银杏栽培开发方向。目前银杏叶有效成分平均组成含量为：黄酮1.3%，内酯0.35%，拟通过该项目的实施，选育银杏叶产量高、黄酮甙含量高的优良品系2个，研究丰产栽培技术及模式，提高银杏叶开发利用价值。

2. 实验地点。湖北省林业科学院安陆银杏研究所。

3. 试验时间。2009～2014年。

4. 研究方法。以安陆现有银杏四大类26个品种为主，以引进江苏、山东等全国优良银杏品系为辅，经过2～3年的栽培试验，确定最优叶用林品系及栽培模式。

5. 年度工作计划及进展情况。（1）2009年，引种、选育栽培。引进江苏、山东部分品系及安陆四大品系，进行不同密度栽培试验，营建试验园100亩。这项工作已完成。（2）2009～2014年，加强水肥管理，定期观测试验。测定不同品系、密度银杏叶产量及有效成分含量。目前正在进行。（3）2014年，完成这一试验的全部工作，确定最佳品系和栽培技术及模式。

银杏果开发利用研究

1. 研究目的。经测定，银杏种核中除含有丰富的营养成分外，还含有白果酸、脂固醇等，具有多种药用价值。多年来，营养学家和药物学家对银杏进行了广泛深入研究，认为不仅是"治病珍品"而且是"滋补食品"、"美容佳品"，极具开发利用价值。通过该课题研究，把科研与生产加工结合起来，进一步搞好银杏果的开发，生产更多、更好的银杏果加工产品。

2. 试验地点。湖北省林业科学院安陆银杏研究所。

3. 试验时间：2009～2015年。

4. 计划与进展情况。（1）2009年，与有关食品科研单位及生产厂家联系，制定研究方法，商讨联合开发方案，做好这一课题研究的一切准备工作。目前研究单位已与省林科院林木食品研究所联系，决定与他们共同开发。现已共同商讨制定出了研究技术方案，完成了研究前的准备工作。（2）2010年，银杏果开发利用研究取得初步成效。研究单位组织科研人员进行。（3）2015年，通过开发利用研究，生产出一定数量的袋装去壳去皮保鲜白果、银杏开心果及银杏果酒等产品并逐步投入市场。

银杏种质资源圃的建设

1. 建设目的。银杏是我国特有的经济树种，分布范围广，适应性强，古树多，具有丰富的种质资源，但绝大多数还处于无保护状态，而造成资源破坏和流失，缺乏有效的收集、保存和利用。为了抢救保护珍贵的银杏资源，利于今后的长期保存和继续利用，就需进行银杏种质资源收集，建立资源圃，并进行观察研究。计划通过该项目的实施，用3～5年的时间在研究单位建立2个银杏种质资源圃，一是原生的天然种质资源圃，二是浓缩的全国范围内的种质资源圃。防止银杏种质资源的流失，保证其多样性，并通过观测研究，掌握其特征特性，发现优良的品种和类型，为搞好银杏的品种选育及开发利用服务。

2. 建设地点。湖北省林业科学院安陆银杏研究所。

3. 建设时间。2009～2014年。

4. 建设方案及实施情况。从2009年开始，一是通过对安陆银杏品种资源的进一步调查，摸清及收集安陆市银杏品种资源，建立一个集各个品系几十个品种的天然种质资源圃，定期观测记录。二是逐年从全国主要银杏产区的江苏、山东、广西及本省引进各个品种资源，建立一个浓缩的种质资源圃。这两项工作已在进行，目前已收集了安陆四十多个单株的种子，已育出幼苗；已引进山东、江苏等地的部分品种，为建设种质资源圃打下了基础。

银杏专用肥研究试验

1. 试验目的。银杏为我国的特殊的经济树种，其生长结果所需的营养元素较之其他树木有所不同。目前市场上已有水稻、蔬菜等农作物专用肥，还没有十分适用于银杏的专用肥。拟通过该研究试验的实施，研究出银杏生长快、有效成分含量高的专用肥料。

2. 实验地点。湖北省林业科学院安陆银杏研究所。

3. 试验时间。2009～2014年。

4. 试验方案及实施情况。从2009年开始，结合研究银杏采叶园、结果园的建设，通过在连续几年的不同的配方施肥对比试验中，了解不同的肥料配方对银杏生长、结果及有效成分含量的影响，从而选择出最佳效果的银杏叶用肥、果用肥，同时走科研与生产相结合的道路，加以生产并向广大银杏产区推广，达到经济效益与社会效益双增的目的。

不同银杏品种的果用丰产技术研究

1. 研究目的。银杏在我国的栽培历史悠久，经过长期演化，形成了众多品系，根据种核外形的不同，可分为梅核、马铃、佛手、圆子、长子；根据其用途又可分为药用白果、食用白果、加工用白果；根据种仁的味道、粘性又可分为苦白果、甜白果、糯白果等。这些不同品系、品种的银杏，不但其外形不同，生物学特性也有很大的差别，因而在栽培管理上也应区别对待。通过这一技术研究，摸清不同银杏品种对环境条件的要求，掌握其丰产栽培技术，更好地为银杏生产服务。

2. 试验地点。湖北省林业科学院安陆银杏研究所。

3. 试验时间。2009～2014年。

4. 试验方案。结合银杏种质资源圃的建设，通过引种各个品系（品种）。进行栽培，观察记载，研究其生物学特性，并通过不同的水肥等管理，研究丰产栽培技术，为银杏各品种的优质高产栽培提供技术保证。

银杏雄树资源保护和生物学特性综合研究

1. 研究目的。银杏雄株资源的合理利用与保护，是实现银杏丰产稳产、银杏产业健康发展的关键。近几年来，银杏雄树资源出现了“开发性破坏”、“利用性损伤”等现象，造成了银杏大树雌雄比例严重失调，雄株资源匮乏，濒临枯绝，每年银杏人工授粉时，花粉十分紧缺，银杏丰产稳产失去了可靠的保障。为此，急需对雄性银杏资源进行全面调查，从而发现问题，找出原因，拿出切实可行的补救措施，搞好雄树资源的保护，保证银杏的长期稳产高产。同时，对雄株的生物学特性开展综合研究，为以后搞好雄树的开发利用奠定基础。

2. 研究地点。湖北省林业科学院安陆银杏研究所。

3. 研究时间。2009～2014年。

4. 研究计划。通过对银杏雄树资源的全面调查，了解本地银杏雄株资源的现状，发现银杏雄树开花早、中、迟的单株及生长势好、花粉量大的优良雄株品种，建立雄株资源档案，加以保护，禁止嫁接。并通过引种，在银杏研究所建立一定规模的雄株资源圃和采粉园，开展对银杏雄树生物学特性的研究，全面了解其生长、开花特性。同时为银杏生产提供大量的优质花粉及为花粉的开发利用研究提供物质基础。

“金叶银杏”品种调查与选优推广

1. 研究目的。安陆银杏品种资源极其丰富，银杏品种有梅核、马铃、佛手、圆子四大类32个优良品种，是一个天然的种质资源库。同时，安陆还有叶片常年为金黄色的银杏，当地群众称为“金叶银杏”。南京林业大学教授曹福亮考察后，认为可以作为特殊绿化树种开发利用。

2. 研究地点。湖北安陆古银杏国家森林公园。

3. 研究时间。2009～2014年。

4. 研究计划。全面调查摸底，了解金叶银杏的分布范围及生长环境；单株分析、测量金叶银杏叶各类成分含量及年度变化规律；引种栽培，利用种子繁育及嫁接培育，观察金叶银杏生长规律及栽培技术；选优推广，选择优良单株进行大量培植繁育，走向市场。

金叶银杏树

上图：金叶银杏树
下图：金叶银杏育苗

主要参考文献

1. 清康熙. 德安安陆郡县志.（1666）

2. 清道光. 安陆县志.（1843）

3. 湖北省安陆市地方志编纂委员会. 安陆县志. 武汉：武汉出版社，1993

4. 郭善基. 中国果树志·银杏卷. 北京：中国林业出版社，1993

5. 邢世岩. 银杏丰产栽培. 济南：济南出版社，1993

6. 侯九寰等. 银杏栽培.北京：科学技术文献出版社，1993

7. 李健等. 银杏栽培技术问答. 成都：成都科技大学出版社，1993

8. '97银杏国际研讨会组委会. '97银杏国际研讨会论文集, 1997

9. 陈章久. 银杏早果丰产新技术. 天津：天津教育出版社，1992

10. 曹福亮. 中国银杏. 南京：江苏科学技术出版社，2002

11. 刘燕君.湖北省安陆市银杏品种资源调查及良种选择初报. 载《全国首届银杏学术研讨会论文集》, 1992

后记

你看到这个集子的时候，已是秋风萧瑟，满山黄叶了。这样的季节里，安陆银杏更平添了几分灿烂，几分辉煌。

今年春，安陆市委、市政府为承办“首届中国银杏节”，决定将《安陆银杏》修订正式出版，成立了《安陆银杏》编委会。编委会主任由市委书记周先来，市长郝章新担任。编委会副主任由市人大常委会常务副主任张光勇，市政协主席王东明，市委副书记李超群，市委常委、常务副市长郭国文，副市长戴杰群，原市委副书记郑德明，原市政协主席阎春文，原安陆市副市长钱波东担任。主编由原市委副书记、副研究员陈有金担任，副主编由原李白纪念馆副馆长、中国李白研究会理事、副研究员张昕，市林业局局长、林业工程师罗义金，原市委组织部副部长许照华，湖北省林科院安陆银杏研究所所长、市林业局副局长、林业工程师汪平西，市林业局纪检组长、林业工程师潘小平担任。同时，增加了部分编写人员。

全书由陈有金全面组织协调，在保持原书稿篇章结构和编写体例不变的前提下，各位编委分工修订编写。陈有金编写第一章，陈有金、陈俊和汪平西编写第二章，罗义金、李德安和石安心编写第三章、第四章，汪平西、周学斌和黄大勇编写第五章，许照华和潘小平编写第六章，张昕编写第七章，汪平西、陈俊和周学斌编写第八章。其他编写人员分别提供了编写材料。全书由陈有金统稿和定稿。本书图片除署名者外，其他均为陈有金拍摄。

《安陆银杏》正式出版面世，经历了十年的时间。早在1999年春，安陆市委书记栾春海同志即提出要编写一部安陆银杏的专门著作，以激发人们开发安陆银杏资源的热情，提高银杏旅游的品位，促进安陆经济的发展。根据栾春海同志的意见，我们立即着手搜集资料，起草编辑方案，拟定篇目提纲。用了近一年的时间，我们数次跋涉在崇山峻岭之间，考察安陆银杏的品种资源、生态环境、天然群落以及1 000年以上银杏树的生长与分布，为编写本书作了充分的前期准备工作。2000年春节后，我们在调整原定篇目的基础上，采取主编统筹、分头撰写、集体讨论的方式进行编写工作。历时半年完成了初稿。张昕对初稿进行了审阅。8月11日，市委副书记阎春文，市委常委、常务副市长张光勇，副市长钱波东在市财政招待所召开了《安陆银杏》评审会，在充分肯定书稿质量的同时，提出了切实的修改意见。8月中、下旬，由陈有金修改、定稿。市委书记栾春海同志和市长吴方成同志认为本书稿基本概括了安陆银杏的本来面貌和银杏开发利用的成果及成功经验。提出将书稿印制出来，并热情为之题写书名和作序。2000年9月，经湖北省内部图书准印（鄂孝图内2000•040）许可，印行5 000册，一直受到读者的欢迎。同时，我们也收到不少读者对书中疏漏和不足之处的意见和建议。2009年4月起，我们即着手对本书进行修订，将修订的重点放在第二章、第五章和第六章上。主要是对古银杏群落、59株1 000年以上银杏树、26个安陆银杏传统名品、6个安陆银杏优质名品，重新实地实树进行鉴别和订正。2000年以后的安陆银杏开发利用情况由潘小平在调查研究的基础上，对第六章充实其内容，增加其篇幅。第三章、第四章、第八章只是对少部分内容和个别文字稍作调整和订正，第一章和第七章仍保持原貌。本书在修订过程中，罗义金协助主编做了大量统筹和协调工作。潘小平对本书图片的收集整理和联络出版等工作，尽心尽力。刘建军对本书稿的打印和校对工作，认真负责。2009年10月上旬，周先来同志和李超群同志分别审阅了本书修订稿，对书稿质量给予了充分肯定。

编辑出版《安陆银杏》是一件开拓性工作，我们在系统总结原有研究成果和经验的同时，力求在四个方面有所突破：从研究安陆古地质和气候资料入手，第一次提出了安陆是银杏类植物的绝佳诞生地、是中国银杏原产地之一的论断；从安陆银杏品种资源的研究入手，第一次推出了安陆古银杏群落是中国银杏天然种质资源库的提法；第一次尝试避免教科书式的写法，将银杏栽培技术以栽培模式的形式介绍给读者，使读者可以有选择地掌握某种栽培技术的要领；第一次从浩繁的史料中抉微索隐，弄清银杏名称的由来和演化及银杏的文化价值内涵，勾勒出了安陆银杏文化的大致轮廓，企图给不同层面的读者以不同层次的艺术思考。几多辛苦，几多求索，我们所捧出的这盘果实是甜润的，还是苦涩的，有待读者去品尝评说。

本书的出版得到了市林业局、财政局、农业局、建设局、水利局、交通局、王义贞镇、孛畈镇、烟店镇、雷公镇等单位的大力支持和协助，在此对上述单位及其他关心和支持本书出版的单位表示诚挚的谢意。

本书在编写过程中，得到了原湖北省林科院院长、副研究员王定济，原省林科院副院长、研究员石鹏皋，省林业局林木种苗管理总站副总站长、高级工程师欧阳绍湘的关心和鼓励，在此一并表示诚挚的谢意。

中国林学会银杏分会主任委员、南京林业大学副校长、博士生导师曹福亮，中国林学会树木学分会主任委员、南京林业大学教授、博士生导师汤庚国，中国林学会银杏分会常务副主任委员、南京林业大学教授彭方仁受聘担任《安陆银杏》编委会顾问并审阅了书稿。曹福亮教授还热情地为本书作序。在此一并表示衷心的感谢！

孝感市副市长吴方成同志欣然为本书题词，周先来同志亲自为本书作序，郝章新同志为本书的出版提供了诸多方便与支持，在此一并表示衷心的感谢！

中国林业出版社始终给予支持，责任编辑何增明同志为本书的高质量出版，倾注了心血，在此表示诚挚的谢意。

本书的出版，还得到了市委党校的丁远清，雷公镇的郭志林，市文体局的张文斌，市农办的程荣华，市科委的刘燕君和市林业局的邹萍、潘存堂、高全涛、蒋新明、秦仁武等同志的帮助，在此一并表示诚挚的谢意。

由于我们水平有限，书中难免有错误和疏漏的地方，敬请读者批评指正。我们所殷殷期待的是，通过本书的出版，能以小见大，见微知著，使安陆银杏更加繁荣昌盛。

编者

2009年10月18日